扁桃优质高效生产技术

主　编
刘淑芳

副主编
张树英　孟凡丽

编著者
刘淑芳　张树英　孟凡丽
张　燕　续海红

金盾出版社

内 容 提 要

本书由辽宁农业职业技术学院的专家编著。内容包括:扁桃生产概况,扁桃优良品种,扁桃生物学特性,苗木繁育技术,建园技术,土肥水管理,花果管理,整形修剪技术,病虫害防治,扁桃的采收贮藏与加工等10章。全书内容丰富系统,语言通俗易懂,技术先进实用,可供广大果农、基层果树技术人员及农林院校有关专业师生阅读参考。

图书在版编目(CIP)数据

扁桃优质高效生产技术/刘淑芳主编.—北京:金盾出版社,2013.11

ISBN 978-7-5082-8578-8

Ⅰ.①扁… Ⅱ.①刘… Ⅲ.①扁桃—果树园艺 Ⅳ.①S662.9

中国版本图书馆CIP数据核字(2013)第163041号

金盾出版社出版、总发行

北京太平路5号(地铁万寿路站往南)

邮政编码:100036 电话:68214039 83219215

传真:68276683 网址:www.jdcbs.cn

封面印刷:北京精美彩色印刷有限公司

正文印刷:北京万博诚印刷有限公司

装订:北京万博诚印刷有限公司

各地新华书店经销

开本:850×1168 1/32 印张:5.5 字数:127千字

2013年11月第1版第1次印刷

印数:1～5 000册 定价:12.00元

前　　言

扁桃是世界著名的木本坚果油料树种，在我国已有1 300多年的栽培历史，是世界四大干果之一。扁桃仁富含多种营养成分，营养价值极高，是集加工、医用为一体的高效益型树种。世界上许多国家都在大力进行扁桃的引种栽培，发展前景十分广阔。

目前，在世界范围内扁桃呈发展的态势，而我国扁桃发展缓慢。我国扁桃主要分布在新疆、青海、甘肃、四川、内蒙古等地，总面积近2 666千公顷，我国每年至少进口6 000吨以弥补国内市场的不足，而且随着需求增加，进口额逐年增大。因此，发展扁桃国内市场具有很大空间。近年来，甘肃、陕西、山西、河北、山东等地区均已引种成功，并取得了很好的经济效益。

本书以扁桃优质高效生产技术为核心，分别介绍了扁桃生物学特性、苗木繁育、扁桃园的建立、土肥水管理、花果管理、整形修剪、病虫害防治等与扁桃生产相关的知识和技术，以方便扁桃种植者的生产管理。本书还介绍了扁桃的采收、采后处理、科学分级、贮藏与加工等具体方法和措施，实现了产前、产后的有机结合。另外，还附有部分彩色插图，以便果农朋友查阅。本书可供广大扁桃种植者、农业生产技术推广人员以及农业院校相关专业师生阅读参考。

本书在编写过程中，参考了部分专家、学者的研究成果和文献资料，在此表示衷心的感谢。由于笔者水平有限，书中疏漏和不足之处在所难免，恳请专家和读者批评指正。

编 著 者

目 录

第一章 扁桃生产概况

扁桃(*Amygdalus communis* L.)属于蔷薇科(Roseceae)李亚科(Prunoideae Focke)桃属(*Amygdalus*)扁桃亚属落叶乔木,我国扁桃的传统产地在新疆、青海、四川等地,扁桃在当地又被称为巴旦姆、巴旦杏、巴旦木、巴旦桃、巴塔杏、婆淡树、波淡树等,是长寿、吉祥、健康的象征,其味道鲜美、营养丰富,深受消费者欢迎。近年来,世界扁桃总产量、贸易量均居世界四大坚果之首,是世界著名的坚果和木本油料树种之一,富含多种营养成分,是集加工、医用为一体的高效益型树种,是农业结构调整、帮助农民致富的"绿色产业"工程,是发展生态农业、退耕还林的理想树种,市场前景十分广阔。

第一节 扁桃的栽培价值

一、营养价值

根据扁桃仁营养成分分析,扁桃仁含糖 2%～10%、脂肪47%～61%、粗蛋白质 28%,其粗蛋白质含量高于仁用杏(24.9%)、核桃(15.4%)和葵花籽(23.1%),含无机盐 2.9%～5%、单宁物质 0.17%～0.6%、粗纤维 2.46%～3.48%。扁桃果仁含 8 种人体必需的氨基酸,占氨基酸总量的 28.3%,其总量高于核桃、鸡蛋和牛肉。扁桃仁含蛋白质(20%)、糖(10%)及维生素

A、维生素 B_1、维生素 B_2、杏仁苷、杏仁素酶、烟酸、消化酶以及锌、铁、钙、镁、铜等人体所需要的 18 种微量元素，其营养价值比等量的牛肉高 6 倍，为高级滋补品。

扁桃仁可大量用于食品工业，如制作扁桃糕、各式面包、高级点心、糖果、冷饮用的配料及干果罐头，扁桃仁还可加工成盐炒果仁、蘸糖果仁等。榨油后的油渣含蛋白质高达 50%，可制作成巧克力糖、香料和扁桃乳酪。扁桃果皮含有 4%的钾，1 吨果皮可生产 70 千克的钾盐，未成熟的果皮可加工成蜜饯、果酱和果干。

二、经济价值

扁桃是国际果品贸易中坚果类畅销果品，位居四大干果之首，占世界干果交易量的 50%以上，其价格比我国传统出口的苦杏仁高 2～3.4 倍，比甜杏仁高 1.4～1.7 倍，经济效益显著。在国际市场上，未加工的扁桃原料价格为 4 美元/千克，成品扁桃价格为 10 美元/千克。目前，在北京、上海、广州市场上，以“美国大杏仁”命名的扁桃仁售价可达 60～80 元/千克。扁桃是速生树种，发育快、结果早，一般栽植后翌年结果，3～5 年进入盛果期，经济寿命长达 50 年之久。盛果期每 667 $米^2$ 产量达 100～150 千克，若按 30 元/千克价格计算，收入可达 4 500 元。如果利用空间套种其他经济作物，效益会更高。

三、医用价值

最新医学研究发现，不饱和脂肪酸具有杀伤肿瘤细胞的功能，而且抗肿瘤广谱，疗效与化疗相同且无毒副作用，扁桃油中 90%以上为不饱和脂肪酸，同时苦扁桃仁中含有 2%～8%扁桃精（杏仁），这些都对捕杀癌细胞有很好的作用。据新疆喀什地区民族中医院介绍，60%的中药处方都需要扁桃仁。扁桃仁粉还可治疗糖尿病、胃炎、癫痫、新型流感等,效果良好。因此,扁桃仁具有滋阴补肾、明目健脑、健脾养胃、抗癌防癌等多种医疗功能,可用于癌症、冠心病、高血压、肺炎、支气管炎、儿童糖尿病、佝偻病、胃炎等疾病的治疗。在少数民族药材中,常把它当做人参,作为延年益寿的滋补品。

四、生态价值

扁桃树冠开张,树姿优美,枝繁叶茂,花色艳丽,有白色、粉红色与紫色,叶片大,有些品种还有彩叶、垂枝等特点,具有较高的观赏价值。扁桃寿命长,虫害少,作为城乡园林绿化、行道树树种,可净化空气、美化环境。扁桃根系发达,根冠比较大,适应性强,耐高温、干旱、瘠薄,抗寒性强,可作为防护林及造林树种固结土壤,保持水土,改善生态环境。

五、工业价值

在工业方面,扁桃果皮含钾盐,可作肥料、肥皂和精饲料。果壳可制作活性炭,树干和果实分泌的树胶可作纺织品印染等提制胶水的原料。扁桃油可当做防锈油,又是一种优质的发用油,大量用于化妆品中;而且扁桃树木材质地坚硬,伸缩性好,浅红色,纹理细致,磨光性好,可制作各种细木工家具和高档器具。

第二节 扁桃的起源和栽培历史

一、扁桃的起源和分布

扁桃起源于中亚、北非与西南亚山区(新疆塔城地区裕民县巴尔鲁克山的布尔干河畔,约有 0.5 万公顷原生巴旦杏林,为第三纪残留的古老树种)，主要分布于北纬 30°～40°，原产地属干旱、半干旱内陆地区，为大陆性气候。扁桃的栽培历史约 6 000 年，早在公元前约 4000 年，伊朗、土耳其等国便开始了扁桃的引种驯化栽培。后经世界各地引种，至今扁桃已遍布五大洲，主产国为美国、西班牙、意大利等。

我国记载扁桃始于唐朝，据唐书《酉阳杂俎》中记载"扁桃出波斯国，波斯呼为婆淡树，花落结实，状如桃子而形扁，故谓之扁桃。其肉涩不可食，核中仁甘甜，西域诸国并珍之"，可见 1 300 年前西域已有扁桃并被视为珍品，其别称巴旦杏最早见于李时珍的《本草纲目》。扁桃经丝绸之路沿途在我国新疆、甘肃、宁夏、陕西等地引种栽培，后因战乱及一些地区温度过高、湿度过大，在关内未能保存下来。20 世纪 50 年代以来，中国农业科学院北京植物园从前苏联、意大利、法国等国引入 10 多个品种接穗，在北京、西安、银川、河北涿鹿等地嫁接后，初期生长良好，并完成了阶段发育和开花结果，但在内地一些高温多湿地区，植株休眠晚，易受冻和感病，结实力差。

近年来，我国自东经 75°50′的新疆喀什至 122°的辽东半岛、北纬 35°45′的河南商丘至 43°40′的新疆伊宁等区域发展扁桃，如在新疆、陕西、河南、河北、甘肃、宁夏、山西、山东、四川等地经引种试种均表现较好，其中新疆的喀什、和田、阿克苏等地表现良好，为我国扁桃栽培积累了不少经验。1987 年，新疆的扁桃商品基地建设被纳入国家林业工程项目。1996 年以来，新疆维吾尔自治区党委也把发展扁桃生产作为南疆广大贫困县脱贫致富的支柱产业。目前，新疆全区扁桃栽培面积约为 1 万公顷，其中大多数以农林间作模式栽培，少数为片园栽植和宅前屋后零星栽植。

扁桃生产主要分布于土库曼斯坦、乌兹别克斯坦、哈萨克斯坦等中亚、希腊、西班牙等地中海国家，以及美国加利福尼亚等干旱亚热带与干旱暖温带气候区内。

以美国和伊朗为代表的栽培水平较高的两个栽培中心，二者产量之和占世界市场的70%。美国引入扁桃栽培的历史并不长，但发展速度很快，栽培技术先进，产量和出口量占世界总量的50%左右。伊朗、意大利、西班牙是仅次于美国的主要生产国，在育种上具有明显优势，培育了众多品种。

二、扁桃栽培的发展历史

由于扁桃是集经济、生态、社会效益为一体的优良树种，因此世界上许多国家对扁桃的发展十分重视，扁桃产量每年呈上升趋势，生产规模不断扩大。目前，我国扁桃产业还未得到全面开发，但消费热已兴起。据统计，1995—1997 年 3 年间，世界扁桃产量增加了 33.4%，其中美国的产量占世界总产量的 70%以上，出口量也是最多的。我国每年至少进口 6 000 吨以弥补国内市场的不足，2006 年我国进口扁桃量达 10 000 吨，亚洲已成为发展最快、潜力最大的扁桃消费市场。在国际市场上，未加工的扁桃价格为 400 美元/吨左右，成品扁桃价格为 10 000 美元/吨。在北京、上海、广州等地市场上，以美国大杏仁命名的扁桃零售价每千克可达 60～80 元人民币。目前，意大利、希腊、土耳其、伊朗、葡萄牙等国年产量也在 2 万吨以上。随着世界巴旦杏价格的升高及国际间活跃的贸易往来，欧洲和日本为巴旦杏生产又开辟了一个新的产品市场。因此，发展扁桃生产国际、国内市场的潜力很大。

目前，美国是世界上最主要的扁桃生产国，年产量一直位居世界首位。据《联合国粮食及农业组织生产年鉴》2002 年度数据显示，2002 年世界扁桃产量达到 183.8 万吨，主产国是美国，产量达 77.8 万吨，占世界产量的 42%。美国扁桃出口销往世界上 100 多个国家和地区，年出口量达到世界总出口量的 82%，而加利福尼亚州(加州)为世界上最大的扁桃产区。扁桃自引入美国加州后，对该树种的生态、生理、品种、栽培及加工贸易进行广泛而深入的研究，选育了许多优良品种，掌握了主栽品种的生长、授粉、结果习性及不同品种与砧木间的嫁接亲和性，实行集约经营、科学灌水施肥、加强病虫害控制，建立了扁桃产业，获得了高产优质的高效益。世界上扁桃的主要进口国家是德国、日本、西班牙、印度、英国、法国等。

我国扁桃主要分布在新疆南部的喀什、和田地区，早在20世纪50年代，内地一些省（自治区）曾引进种植，但因生态环境所限，都没有大的发展。目前，世界市场年交易量在15万吨左右，国内市场也在10万吨以上，而新疆只能产500～600吨，连新疆本地市场都很难满足。扁桃现已被列入国家“948”开发项目，进入示范推广阶段。

第三节　世界扁桃生产栽培现状

一、国外对扁桃的研究现状

扁桃的产业发展刺激了人类对扁桃在科学技术方面的深入研究。以美国为首，包括西班牙、意大利、澳大利亚、印度等国在扁桃的生产与科研中进行了多方面、持久的工作，并取得多项进展，研究内容主要概括如下。

(一)品种选择

各国在扁桃良种特征上取得了这样的共识——品种性状稳定、高产、果熟期短、果实品质好、抗病虫和抗晚霜。作为商品的良种还应具备果实外观美、个大、出仁率高(不少于40%，双仁不大于10%)、含油量高、易剥壳、风味好等特征。另外，地中海型气候类型品种，以12～16年生为盛果期，中亚气候类型品种8～15年生为盛果期。经过多年选择，目前美国已选出50多个优良品种。由于扁桃的花芽对冬暖敏感，易受冻害，美国和西班牙十分重视晚花品种的培育，伊朗多是早花品种。为便于果园管理，减少投入，欧洲尤其是西班牙从20世纪90年代初便开始研究自交亲和巴旦杏的培育。总之，扁桃产地国均十分重视扁桃品种类型的收集，欧洲已建立了具有代表性的扁桃品种资源库，并对能收集的品种类型的起源、性状、生物生态学特性进行了较详细的研究。

（二）生态学特性研究

扁桃生长、发育、结果与环境因素息息相关，特别是在开花季节，环境温度变化是能否成功栽培扁桃的关键因素。一些国家对扁桃花期的耐寒性进行了细致研究，认为巴旦杏对短期低温有一定耐性。

（三）生物学特性研究

开花授粉、坐果习性是影响扁桃产量的主要因素，各生产国对各自扁桃品种在这方面进行了较全面的研究。绝大多数国家的试验表明，扁桃自花授粉不孕或少孕，传粉媒介是昆虫。印度、西班牙和美国还对扁桃花粉的亚显微结构、花的蜜腺、花的数量、授粉树的距离、授粉树的配置，特别是对蜂群活动规律等方面做了较深入的研究。

（四）育种与生理生化研究

由于异花授粉等特性，应用杂交、嫁接、组培等手段的育种工作得到了广泛应用，许多性状优良的扁桃品种在此基础之上培育而出。此外，通过采用电离辐射、γ射线、突变导入等育种手段，扁桃遗传规律的研究得到了发展。在生理生化上，对扁桃种仁中球蛋白氨基酸、蛋白质同工酶、叶片和生殖器官脂肪酸、烟酸等含量的测定以及种仁脂肪含油特性都有相关研究。西班牙还通过基因和酶谱的分析达到了F_1子代分离的目的。

（五）集约栽培丰产技术研究

各国分别从果园设计、主栽品种与授粉树选择配置、种植密度、灌溉、施肥、土壤管理、整形修剪、收获机械、贮藏、病虫害防治以及市场营销等方面进行了细致研究。

(六)主要病虫害及其防治

以生物防治与化学防治相结合,选用无病的健壮种苗,并寻求抗病虫品种的培育。

(七)砧木选择

一般扁桃嫁接所用砧木以抗寒、抗旱、抗病虫害为标准,如扁桃实生苗、桃实生苗及扁桃与桃的杂交种实生苗,能适于贫瘠土壤且根系发达为好。

二、国外扁桃生产现状

(一)美国扁桃生产现状

美国现有扁桃栽培面积约 20 万公顷,1999 年总产量 37.68 万吨,2000 年总产量 31.71 万吨,2001 年达到 39.71 万吨,占当年世界总产量(61.1 万吨)的 65%,其中 75%出口到 40 多个国家和地区,西班牙(占 15%)、日本(占 10%)、印度(占 8%)、英国、荷兰、韩国、瑞典、中国(占 4%)等是主要进口国。太平洋沿岸各国是美国扁桃正在迅速崛起的消费新市场。扁桃已成为全美第七大出口食品。

加州扁桃主要集中在萨克拉门托和圣华金地区,这两个地区土地宽广、地势平坦、土壤肥沃,大部分为通透性良好、较为松散或中度黏性土质。气候春季较温暖,夏季炎热干燥,冬季湿润且温度较低,灌溉便利,自然条件极适宜扁桃生长发育。优越的气候、土壤条件,配套先进的栽培管理技术,使美国扁桃产品具有很强的市场竞争力,效益显著。美国扁桃生产以家庭农场为单元,专业化经营,经营面积都在 100 公顷以上,连片种植面积达到 500～1 000 公顷。美国现有扁桃品种 150 多个,生产中广泛栽培的主要有 Nonpareil(约占 45%)、Carmel(约占 18%)、Buttel(约占 11%)、Padre(约占 6.5%)、Mission(约占 4.5%)、Monterey(约占 4.5%)

等几个优良品种，它们的产量之和占总产量的89.5%以上。高比例的主栽品种结构，保证了果实商品的一致性，同时也非常注重新品种培育和在生产中推广应用。在栽培中采取标准化技术，管理机械化，大大提高了劳动生产率，降低了劳动强度。并且政府在经营中为生产者提供资金、市场和组织服务。扁桃管理公司是新近出现的专门为农场主提供栽培管理服务的企业，公司接受农场主委托，负责全年果园管理，产品归农场主所有，公司收取一定的管理费。专业公司和种植者各司其职，各负其责，通过经济纽带将他们紧紧连接在一起，形成了加州扁桃高效产业链。

(二)欧洲扁桃生产现状

1. 西班牙 西班牙扁桃主要分布在东南沿海和东部的巴利阿里群岛，这些地区都属地中海类型气候区，其生产区有：巴利阿里群岛、萨拉戈萨、塔拉戈纳、列里达、格林纳达、阿尔梅里亚、马拉加、阿利坎特、卡斯铁隆哈那、瓦伦西亚、穆尔西亚和阿尔瓦塞特。

主栽品种是玛尔高那(Marcona)和拉古埃塔(Desmayo Largueta)，约占西班牙扁桃栽培品种的40%，其他栽培品种有罗哟(Desmayo Rojo)、嘎里古埃斯(Garrigues)、拉米勒特(Ramilete)和阿托卡(Atocha)。在巴利阿里群岛的主栽品种是焦迪(Jordi)和维沃(Vivot)。大多数新建扁桃园主栽品种是费拉涅(Ferragnes)、科瑞斯莫特(Cristomorto)和费拉托(Ferraduel)。西班牙近期培育出的扁桃新品种有瓜拉(Guara)、摩卡瑶(Moncayo)、马特维拉(Masbovera)、格劳里埃塔(Glorieta)和佛朗克里(Francoli)等。

20世纪末西班牙的扁桃种植面积约62万公顷。1992年扁桃产量达8万吨，1991—1995年平均年产量为5.3万吨。

西班牙扁桃栽培面积大，但产量很低，98%的扁桃实行旱作，在经受了1987—1995年连续8年干旱后，主产区大量扁桃树旱死，总产量约减少了50%，大部分扁桃园转向种植其他作物，仅在新的可灌溉果园种植,其产量可以与美国相媲美。影响西班牙扁桃生产的问题很多,主要有产品不一致、干旱区低产和小农场经营模式。同时,在新发展的扁桃园,授粉不良也是一个主要限制因素。

目前,西班牙虽然是世界第二大扁桃生产国,但同时它又是一个主要的扁桃进口国。安达卢西亚位于西班牙南部,扁桃是该地区继橄榄之后的第二大果品,发展面积约 2 000 公顷,主要集中在阿尔梅里亚省、戈拉纳达省和马拉加省。安达卢西亚地区自 20 世纪 90 年代起才重视发展扁桃,发展了一批新果园(树龄小于 10 年,占果园总数的 25%),实施大规模的扁桃发展改进方案。在一些发展条件较好的地区,新建了一批扁桃果园,引进了一些晚花品种和杂交种砧木品种,在栽培技术和提高产量措施方面改进较大。同时,当地为研究确定主栽品种在不同环境和生长条件下的适应性,于 2000 年 1 月将扁桃品种分为两大品系(早花品系、晚花品系)进行研究。

2. 意大利 意大利扁桃栽培区属于典型的地中海气候(年降水量 500～900 毫米),夏季炎热干燥,冬季降水适中。6～9 月份为干旱期,同时早春晚霜危害发生的频率低。意大利扁桃栽培主要分布于南部地区和地中海的西西里岛与撒丁岛。据文献记载,在意大利扁桃栽培北限至彼萨,南部栽培较多的有巴里、阿波利亚和西西里岛的巴勒莫等地。20 世纪末,意大利扁桃产量逐渐减少,年产量为 1.4 万吨(1991—1995 年的平均值),约占世界产量的 4.2%,而且大多为老果园。

意大利扁桃品种资源圃收集有世界各地的优良品种 86 个,但在生产上大面积栽培的只有几个传统品种,如阿沃拉(Pizzuta d′Avola)、费拉玛萨(Fellamasa)、多诺(Tuono)、吉恩柯(Genco)、菲利普(Filippo Ceo)。在新建的扁桃园里,最常用的品种是费拉涅(Feffagnes),该品种具有一定的自花结实能力。另外,还有多诺

(Tuono)、菲利普(Filippo Ceo)和巴勒赛(Falsa Barese)等。

传统的扁桃生产园大多采用苦扁桃作砧木,一般靠自然降雨,很少人工灌溉,只在冬季施用一定量有机肥。而在现代扁桃园,常采用GF677(扁桃与桃的一个杂交种无性系)作砧木,并进行适当的灌溉和施肥,以提高产量和品质。在现代扁桃园中,一般株距为5~6米、行距为6~7米,栽植密度为230~340株/公顷。山区扁桃园,株行距较大,行间一般间作禾谷类作物和油橄榄等。

3. 希腊 扁桃是希腊的传统种植树种,栽培历史悠久,但发展缓慢,20世纪末才开始发展。在新发展的栽培区,最主要的扁桃品种有米森(Mission)、多诺(Tuono)和赖叟(Retsou)。目前在主栽区科莱特引进发展费拉涅(Ferragnes),同时在德萨利亚建立了不少可灌溉的新扁桃园。

4. 葡萄牙 20世纪末,葡萄牙扁桃产量大约有3 600吨,主要集中在两大区域:南部地区的阿勒嘎拉沃,东北部地区的特拉斯沃斯山和阿托都洛。葡萄牙扁桃的商品性较差,主要原因是生产上大多采用当地的老品种和实生树。

5. 其他国家 法国的很多扁桃品种来自于意大利或美国,也有一部分是自行培育的。其中约有十几个优良品种,阿德超斯(Ardechoise)具有很高的含油量,普瑞克塞(Princesse)在法国大量生产,在欧洲市场可与美国出口的浓帕烈(Nonpareil)相媲美。工业用的硬壳品种有费拉托(Ferraduel)、玛尔高那(Marcona)、拉古埃塔(Desmayo Larguetta)、巴斯(Flour-en-Bas)、费考茹尼(Fourcouronne)等。据报道,意大利品种艾(AI)与美国品种尼·普鲁·乌特拉(Neplus Ultra)在法国也很流行。

(三)亚洲扁桃生产现状

1. 伊朗 伊朗扁桃有成片果园和零星栽培植株,1992年扁桃产量约4.4482万吨,产区几乎全在该国西北部,栽培面积达2.4052万公顷,在阿塞拜疆(塔布里兹)的农业经济中占很重要的地位。在伊朗,实生树和嫁接树各占50%,商品性差,影响其产品出口,其砧木一般用本砧和桃砧。在伊朗约有100个扁桃品种或类型,主栽品种是塔吉里(Tajiri,晚花、抗晚霜),平均坚果产量为2 000千克/公顷。

2. 土耳其 土耳其的扁桃产量难以统计,为2 000～3 000吨,主产区在爱兹米尔省和东南部靠近斯利安省的边缘地带。

(四)非洲扁桃生产现状

1. 突尼斯 20世纪末,突尼斯扁桃产量约为6 000吨,大多用于出口。主栽区包括斯发科思区和卡普本周边地区,以及北部地区和荒漠地区的县、市,包括卡鲁安、卡塞里恩及菲利安娜等。各栽培区的气候不同,因此栽培方式也有所区别,在斯发科思地区,冬季温暖,降雨少(年降雨量200毫米),株行距为12～13米×12～13米,栽植密度为60～70株/公顷,主要品种有阿卡科(Achaak)和科森汀(Ksontin);在新生产园也有玛哉托(Mazzetto)。在卡普本地区,年降雨量500毫米,栽植较密,为200株/公顷,栽培品种主要是当地的斯玛勒(Heuch Ben Smail)、乎科海(Blanco Khooukhi)和德拜尔(Abiol de Ras Djebel)。在北部的平地和山地,年降雨量400～600毫米,冬冷夏热,最佳栽培品种为多诺(Tuono)、费拉涅(Ferragnes)、摩那科(Monaco)、皮利斯(Peerless)、布莱兹娜德(Fournat de Brezenaud)和拉古埃塔(Desmayo Largueta),栽植密度为150株/公顷。在西北地区,年降雨量350～550毫米,主栽品种为费拉涅(Ferragnes)、费拉脱(Ferraduel)和多诺(Tuono)。

突尼斯扁桃大多在本地市场销售。由于当地恶劣的气候条件,产量很低,因此扁桃业在该国是低效产业。但由于突尼斯的扁桃成熟早,所以其产品在欧洲市场很有吸引力。

2. 摩洛哥 摩洛哥扁桃年商业产量大约为6 000吨,仅在当地市场销售。无法用确切数据来统计摩洛哥扁桃的栽培面积,因其大多分布于大西洋森林区,且产品不统一,也混有苦仁扁桃,多用于加工。目前该国进行一个重要的扁桃造林规划，主要品种有玛勒柯娜(Marcona)、尼·普鲁·乌特拉(Ne Plus Ultra)、费拉涅(Ferragnes)和费拉托(Ferraduel)等。

(五)其他地区扁桃生产现状

澳大利亚扁桃栽培始于1837年，从西班牙引进扁桃品种Jordan，之后又陆续从美国加州引进Nonpareil、IXI、Ne Plus Ultra、Davey等品种。在20世纪90年代，澳大利亚扁桃产量呈现稳定增长的趋势，但是相对于世界扁桃而言，目前的产量仍较小，2000年前后，年产扁桃仁8 600吨左右，主要限制因素是水资源。澳大利亚扁桃生产区通常年降雨量仅250毫米，对澳大利亚生产者来说，主要挑战是如何有效利用水资源，以达到最大的生产效益。目前，澳大利亚扁桃产业发展呈现快速发展和机械化操作的状况。但是在澳大利亚限制扁桃生产的条件下，如土壤pH值偏高且肥力较差、灌溉水盐度偏大、易遭受晚霜危害等，其种植面积不会明显增长。

第四节　我国扁桃栽培概况

一、我国扁桃引种栽培历史

我国对扁桃的引种栽培试验研究起步较晚，特别是对引进地中海气候类型扁桃品种的筛选和栽培研究始于20世纪90年代后期，甘肃在引种美国等国家扁桃的研究方面走在全国的前列。

1997—2002年，甘肃省承担完成的国家级引进国际先进农业科学技术项目——扁桃引种及栽培技术，在引种筛选、栽培技术、示范推广面积、试验研究等方面达到了国内同类项目领先水平，取得了一系列重要成果。陕西、山东等省对美国、意大利等国外扁桃也开展了零星引种和栽培试验。

1997 年以来,甘肃先后直接从美国引进扁桃新优品种 15 个、砧木品种 3 个,从保加利亚引进扁桃品种 1 个,从其他渠道引进砧木品种 4 个,在甘肃布点 20 处,建立品种母本园 16 675 米^2、品种试验园 146 740 米^2。初步筛选出适宜我国北方不同气候区域栽培的扁桃优良品种 11 个、砧木品种 4 个,在省内的天水、平凉、庆阳、白银、兰州等地建立示范样板园 77.4 万米^2,并将美国扁桃推广到陕西的宝鸡、西安、渭南,河南的新乡,山西的侯马及山东、宁夏等地。经过连续多年的栽培研究,解决和攻克了生产中的一些技术难题,总结出了一套规范的栽培技术。引种美国扁桃品种的成功,极大地丰富了我国扁桃种质资源,为我国扁桃产业的发展奠定了坚实的基础,提高了科学依据和技术保障,为农民增收培育了一个新的经济增长点。

二、我国扁桃发展现状

目前,在世界范围内扁桃呈发展的态势,而我国扁桃发展缓慢。我国从 1995—1998 年平均年进口美国扁桃 4 000 吨,而且随着需求增加,进口额逐年增大。因此,发展扁桃国内市场有巨大空间。如果进一步努力,提高产量和质量,将来我国扁桃及其制品出口周边非扁桃生产国是完全有可能的,发展前景十分广阔。扁桃抗旱、耐瘠薄,对土壤要求不严,适合多种立地栽培,而且扁桃生长旺盛,枝繁叶茂,根系发达,集经济生态于一体。中西部地区是我国生态环境建设的重点区域,退耕还林面积大,为扁桃的发展提供了大量的土地资源。

长期以来,由于我国的扁桃未得到应有的重视和发展,如今栽培区仅集中在新疆天山以南绿洲地区,主要分布在喀什地区的英吉沙、莎车、疏附、疏勒、叶城、泽普等县和喀什市、和田、阿克苏、阿图什、库尔勒等地。新疆扁桃栽培面积近 10 000 公顷,年总产量 500 吨左右,挂果树平均株产仅 1～2 千克,是美国和伊朗的1/10～1/5。我国北方其他地区从20世纪50年代开始就积极引种栽培，但目前还尚未形成规模生产。

(一)我国扁桃分布

全世界扁桃约有40个种，我国有普通扁桃、西康扁桃、蒙古扁桃、长柄扁桃、矮扁桃、榆叶梅等6个种，具有经济意义和栽培价值的只有普通扁桃和栽培种。

1. 普通扁桃 为我国主要栽培种，分布较为广泛，在有扁桃栽培的地区均有分布。

2. 四川扁桃 在海拔150～2 000米地带分布最多，主要分布在甘肃东南部和四川西北部，在川西白水江、岷山、青衣江和大渡河的南坪、松潘、茂汶、黑水、马尔康、理县、小金、壤塘、金川、宝兴、名山及康定等地也有分布，尤以松潘、康定最多，青海、陕西也有分布。

3. 长柄扁桃 分布于内蒙古阴山浅山区和陕西北部定边、横山、榆林等地，在榆林地区有集中分布。

4. 蒙古扁桃 分布于宁夏贺兰山浅山地带及甘肃西部戈壁滩上，在内蒙古也有分布。

5. 矮扁桃 原产自西亚和西伯利亚东部，多生长于洼地、盆地和谷地富含腐殖质的冲积土中，在我国有少量分布。

6. 榆叶梅 分布广泛，在黑龙江、吉林、辽宁、河北、山西、山东、浙江等地均有生长。

另外，还有一种野扁桃，在新疆北部阿尔泰山区和塔城一带有大面积分布。

(二)我国扁桃发展中存在的问题及对策

1. 缺少优良品种，生产品种过多，未形成主栽品种 我国早期栽培的扁桃，都是实生繁育的群体，植株间差异大，生产力低，商品品质差。直到20世纪50年代以后，才开始逐渐重视种质资源利用和优良单株的选择。生产中的大多数品种是由实生单株优选出来的，种仁较小，出仁率偏低，双仁率高，而且抗性差，花期易遭低温冻害而减产。如新疆莎车县 6 年就有 3 年发生扁桃花不同程度的冻害。为了改变我国扁桃品种落后状况，20 世纪 50～70 年代，以中国农业科学院为代表的多家科研单位，先后从前苏联、阿尔巴尼亚、伊朗、意大利、法国和美国等国家引进扁桃种子、接穗及苗木，在新疆、北京、河北、陕西和宁夏等地筛选研究，虽在新疆有部分品种驯化成功的报道，但引进品种在实际生产中应用很少，很难看到较大面积的生产示范园。

我国生产用品种太多，难以保证商品种仁的一致性，应在品种引进、选优和区划的基础上，大力发展名优品种，采取良种新建园与老园高接换头改造并举发展，逐步扩大良种面积和比率，在一定区域内形成具有特色和相对稳定、合理的主栽品种结构。

2. 管理粗放，应开展技术引进和研究 美国扁桃很早已实行生产专业化，管理园艺化、标准化、机械化，并且已开始推行有机农业生产，产量高，坚果品质优良，产品畅销世界各地，售价高，经济效益显著。我国新疆扁桃多与农作物间作，管理粗放，树形紊乱，结果部位外移。土、肥、水管理采取"一水两用"、"一肥两用"的兼管方式。管理技术落后是我国扁桃劣质、低产的又一主要根源。应针对我国特点，积极引进国外先进管理技术和成功经验，深入、广泛开展包括栽植密度、土壤管理、整形修剪、病虫综合防治、花果管理等栽培技术研究，建立适合区域气候、土壤条件的优质、高产栽培技术体系。新发展扁桃园要符合现代商品生产和产业化发展方向要求，做到规范、标准。对现有成龄园应加大改造力度，增加生产投资，改善基础设施(特别是节水灌溉)，提高生产力，增加技术投资，建立示范基地，通过培训提高经营者素质。

3. 积极开展产业开发和扩大引种示范 新疆扁桃生产多以农户为单位，每户经营面积小，而且基本都是兼营，也有少数林场从事扁桃生产，一般面积也只有 40 公顷左右。栽培规模小，分散经营，缺少有效的以经济为纽带的组织结构，生产中的各个环节严重脱节；一方面不利于栽培新技术的推广普及，另一方面采后处理手段落后，商品难以上档次，直接影响农户的栽培效益。美国扁桃生产以家庭农场为单元，面积都在100公顷以上，连片规模500～1 000公顷。土壤管理、采收、分级、干燥均机械化作业，劳动生产率非常高，而且有各类公司服务于扁桃产前、产中、产后，如为栽植户提供苗木的种苗公司，为栽培者提供肥料、农药的肥料植保公司等。我国现阶段扁桃发展应以新疆优生区建立商品生产基地为重点，做到科学规划、因地制宜、合理布局、选好品种。采取集中建设、分片管理、栽培管理统一实施的组织形式。以培育、扶持龙头企业为“突破口”，采取“公司＋农户”市场运作模式，将分散的生产单元组织起来，共同参与市场竞争，积极开辟扁桃新产区。

4. 加强保健品开发，为扁桃发展开拓市场 扁桃仁是营养高度浓缩的果品，含油脂47%～61%，其中大部分为不饱和脂肪酸，易被人体消化吸收。粗蛋白质含量28%，高于仁用杏、核桃、花生和葵花籽，8种人体必需氨基酸占氨基酸总量的28.3%，总量高于核桃和鸡蛋。生育酚和核黄素也高于花生和核桃，矿物质元素含量也很丰富，适宜加工高档营养保健品。国外非常重视以扁桃油为主原料的保健、医药产品开发，扁桃深加工已形成规模，种类繁多。如扁桃粉、扁桃乳、风味扁桃黄油、杏仁巧克力等几十种产品。在280多种化妆品中，50%以上的原料是扁桃油。日本用扁桃油生产的按摩油，具有良好的防晒、护肤、润肤功效，60毫升容器装网上售价750元人民币。我国扁桃加工比较落后，还处在浅加工阶段，主要是初级产品，深加工研究才刚刚起步，应当进一步加强研究和成果转化，形成系列产品。扁桃加工业的发展将会有力地推动扁桃种植业的发展。

(三)我国扁桃产业的发展趋势

1. 扁桃仁用为主向油用为主过渡 据研究报道,扁桃仁油不饱和脂肪酸含量高达93.67%,饱和脂肪酸含量较低,只占6.33%,并且低于美国及加拿大的标准7.1%,不含能引起心血管疾病的豆蔻酸及对人体无益的芥酸,且棕榈酸含量为5.99%。从营养角度看,扁桃仁油不失为一种可供开发利用的新型植物油。扁桃油还被广泛用作工业防锈油和化妆品生产的原料。如日本生产的按摩油就是扁桃油,扁桃油是利用含有甜味的扁桃种子压榨取得,为植物油中最适合润肤的油种,日本向全世界销售后,从中获益极大。近年来,随着国家对油茶等一些木本油料树种科研投入力度的加大,预计扁桃油的开发力度及科研深度也将会加强。

2. 扁桃高效活性物质的提取与分离受到关注 在药用方面,扁桃仁具有明目、健脑、健胃和助消化的功能,能治疗多种疾病,尤其是在治疗肺炎、支气管炎等呼吸道疾病上疗效显著,苦扁桃仁还可制成镇静剂和止痛剂等。在美国,扁桃仁在医疗方面的应用比较广泛,医院常用扁桃仁粉做病餐,配合治疗糖尿病、儿童癫痫、胃病等,还发明了苦扁桃仁球蛋白氢氯化物新药,专治流行性病毒感冒。美国芝加哥洛约大学生物系主任哈罗德·曼纳提取出苦杏仁苷,用来治疗癌症。在新疆,据喀什地区民族医院介绍,60%的民族药配方需要用到扁桃仁。但是这些发挥疗效的活性成分是什么物质,其分子式是什么,结构是什么样的等问题都需要搞清楚,只有研究清楚了,下一步的分子转构、人工改性、人工合成才有可能得以进行。

3. 扁桃次生物质高效利用的高速发展 扁桃次生物质主要是指扁桃胶,扁桃胶的利用现状不容乐观。首先,一些地区只是简单地认为扁桃树体产生胶是一种病态,却没有认识到胶的价值,弃之不用。其次,在我国扁桃胶被收购后,大多作阿拉伯胶用,比如用做印染材料、制药添加剂，但是对扁桃胶自身独特的药理作用研究不够深入。我国古代一直把扁桃胶看做是治疗糖尿病、石淋和便秘等疾病的良药，如《抱朴子·仙药》中记载："桃胶以桑灰汁渍服之，百病愈"。而现在用之较少，其他功能更未开发出来。扁桃胶内活性物质的提取、分离以及动物评价等一系列的研究将会在今后很长一段时间内高速发展。

第二章　扁桃主要种类及品种

第一节　主要种类

一、普通扁桃

普通扁桃是扁桃树中唯一的、也是最有栽培价值的1个种，为落叶乔木，1年生枝绿色或红褐色。叶色灰绿，卵圆形至长圆形，有光泽和革质。花芽多单生，白色或粉红色，在展叶前开放。果实卵形或长圆形，成熟时果肉沿缝合线裂开，露出果核，果核即是食用的坚果。果核白色至灰褐色，果实形状多样，长2～5厘米，宽1～3厘米，果壳内含果仁，果仁重0.5～1.5克。

二、蒙古扁桃

分布在宁夏回族自治区贺兰山，银川苏峪口、阿垃及甘肃河西走廊北部荒漠地带。耐旱、耐寒，当地用作护坡植物，利用种仁榨油供食用。新疆林业研究所曾试用作扁桃矮化砧，亲和性良好。

三、西康扁桃

主要生长在四川南坪、松潘、康定等地，甘肃、青海、陕西也有分布。在海拔1 500～2 000米地带分布最多。落叶小灌木，枝条具枝刺，小枝平滑、褐色，叶片多簇生，倒披针形或长椭圆形，长

2～3厘米，暗绿色。花粉红色。果肉薄，干裂。果核圆形，褐色，果及果核小，味苦。当地普遍用作绿篱以绿化环境，利用种仁榨油和制泡菜。作扁桃砧木，有矮化作用，嫁接3年即开花结果。

四、长柄扁桃

内蒙古阴山山脉，包括大青山、乌拉山和南部伊克昭盟托克旗、乌审旗至陕西北部定边、恒山、榆林、神木都有分布。落叶小乔木，短枝较多，枝条光滑无毛，红褐色或无色。叶型小而质硬，椭圆披针形，长3～5厘米，宽1～1.3厘米，具粗大锯齿。花小，玫瑰色。果实极小，卵圆形，果壳坚硬，果仁乳白色，味苦。可作桃、李的矮化砧木，亲和性良好。

五、矮扁桃

分布于新疆北部巴尔鲁克山、塔尔巴哈台山及阿尔泰山，海拔800～1 300米的地带，能耐－30.2℃低温。落叶小灌木，枝条直立，具大量短缩小枝。叶单生或簇生，披针形至长圆形。花粉红色，单生。果实扁圆形，密被灰色茸毛。果肉薄，果核扁圆形，褐色。生长期长，花有香味，耐修剪。乌鲁木齐等地用于城市绿化。种仁含油量51.5%左右，并含有蛋白质、苦杏仁苷、芳香油等。

第二节　扁桃品种的分类方法

一、按经济性状分类

扁桃品种的旧分类方法有以下4种（表2-1），其分类原则以某一经济性状为依据，因而不能反映出品种间的亲缘关系，在生产上存在很多问题。

表 2-1　扁桃品种 4 种分类方法及标准

分类方法	类　别	标　准	备　注
硬度分类法	纸壳类	一手可以捏开核壳	出仁率 50%以上
	软壳类	两手可以捏开核壳	出仁率 40%～50%,个别为苦仁品种
	标准壳类	用锤轻击敲开核壳	出仁率 32%～40%
	硬壳类	用锤重击敲开核壳	出仁率 17%～30%
厚度分类法	软壳类	壳厚 0.1 厘米以下	出仁率 50%～70%
	薄壳类	壳厚 0.11～0.15 厘米	出仁率 37.6%～53.7%
	中壳类	壳厚 0.16～0.25 厘米	出仁率 25%～49%
	厚壳类	壳厚 0.25 厘米以上	出仁率 23.1%～29.5%
仁味分类法	甜仁味	核仁香甜,为栽培主体	叶小,向基部渐宽,柱头高于雄蕊
	苦仁味	核仁苦	叶大,中部较宽,花大,供药用和榨油
用途分类法	药用类	为苦仁品种或极厚壳甜仁品种	供医药用
	工业用类	一般为厚壳品种	极丰产,机械脱壳,供食品工业用
	餐用类	一般为纸壳或软壳品种	供餐用或剥食,多带壳出售
	糖果用类	指薄壳小果型品种	供制巧克力等各种糖果用

注:摘自朱京林著《新疆巴旦杏》。

二、按起源分类

(一)中亚类群

分布地区包括中国新疆、伊朗、阿富汗、印度、巴基斯坦、哈萨克等其他中亚地区的国家。此类群的主要特点是抗旱、抗寒、抗盐碱,适应性强。

(二)地中海类群

主要分布于地中海沿岸地区，如意大利、叙利亚、西班牙等国。此类群的主要特点是树势强、树冠高大、营养生长期长、抗寒性差，对温度、肥水要求比较高。

第三节　国外主要品种

一、意扁1号

原产自意大利，大果型品种，树势中庸，进入结果期早，在河南地区，花期3月下旬，采果期9月中下旬。丰产性强，平均单仁重1.41克，出仁率和含油量很高，味浓甜而香。核壳薄，密封严。

二、意扁2号

原产自意大利，丰产性品种，树体小至中型，树姿开张，生长旺盛，结果早。但坐果率低，果仁极大，单仁重高达1.62克，出仁率高。核壳软，封闭严。

三、浓帕烈(Nonpareil)

美国品种。树型大，枝干直立，长势旺，易整形。结果早，丰产性较好，栽后2～3年进入结果期。果个大而均匀，平均单仁重1.2克，果仁长扁圆形，表面平滑，淡褐色，壳薄如纸，出仁率60%～70%，开花期中偏早，坚果成熟早。比较抗霜冻，但缺点是外壳封闭不严，易受到虫及鸟类危害。

四、加州1号(Califovnia)

美国品种。树势强健，树姿半开张，生长量大。萌芽率50%，发枝率52.3%。长果枝占15.3%,中果枝占26.53%,短果枝占52.04%。坐果率30.3%,平均单株产果量1.25千克。果实中等大,扁椭圆形,平均单核鲜重4.05克,双仁率5%,风味甜香可口,品质上等。花粉少,自花结实率低,需配置授粉树。

五、尼·普鲁·乌特拉(Ne Plus Ultra)

该品种树势中等,树姿半开张。萌芽率56.62%,发枝率44.44%,长果枝占24.24%,中果枝占36.35%,短果枝占33.39%。花芽起始节位在4节上,坐果率29.85%,平均单株产果量1.68千克,最高产量2千克。

果实中等大,扁长椭圆形,平均单核鲜重4.88克、干重1.55克,单仁重1.29克,双仁率15%。风味甜香可口,品质上等。花粉少,自花结实率低,需配置授粉树。

六、派锥(Padre)

系加州大学育出的品种,树势极强,树姿直立,紧凑。叶片厚,浓绿色。核壳中硬,果仁中至小型,平均单仁重1.2克,出仁率60.3%,双仁率低,核仁味甜香。

七、普瑞斯(Price)

树势强,萌芽率中,成枝力较强,叶深绿色,抗寒,抗旱,可自花结实。核壳薄,平均坚果重2.84克,平均单仁重1.77克,出仁率62.3%,核仁味甜香。

八、索诺拉(Sonola)

系加州大学育出的新品种。花期早于浓帕烈,为早花品种。果仁中型至大型。核壳薄、封闭不严。树体中型,伸展。产量高,有大小年结果现象。

第四节　我国目前主要栽培的优良品种

一、大巴旦

树势强，树姿半开张，以短果枝结果为主，叶绿，宽披针形。一般在4月上旬开花，8月下旬成熟。坚果倒卵形或卵圆形，先端扁，核面褐色，孔点深而较密，厚壳，坚果较大，长3.1厘米、宽2.2厘米、厚1.9厘米，平均坚果重3.5克，平均单仁重1克，出仁率27.3%。

二、小软壳

树姿开张，以短果枝结果为主，产量较低。叶淡绿色，阔卵形，叶缘稍有褶皱。花芽2～4个簇生，中果枝为单花芽，花白色。果实于9月上旬成熟。抗性稍弱，坚果小，椭圆形，褐色，仁味香甜，壳厚0.04～0.09厘米。坚果重0.68～1.05克，单仁重0.47～0.78克。出仁率54.9%～77%，含油量57%～59.6%。

三、双仁软壳

树姿稍开张。以小短果枝结果为主，产量较高，抗性强，适应性广。叶浓绿色，阔披针形，叶缘平展，坚果圆球形，先端尖，浅褐色，果实于8月下旬成熟。仁甜，平均壳厚0.1厘米。坚果重1.77～1.83克，单仁重0.98～1.15克。出仁率55.7%～63%，含油量55.4%左右，双仁率占80%左右。

四、纸　皮

新疆早熟软壳型品种。树势强，树姿直立，分枝角度小，树冠开心形。7年生树高7米，冠径2.5米。叶浓绿色，宽披针形。新梢直斜生，丛状花芽占30%，以越年短果枝群结果为主。花期中等，4月初或上旬花芽萌动，4月中旬开花，花白色。8月初坚果成熟，10月底落叶，生育期190天左右。坚果较大，长椭圆形，先端渐尖，浅褐色，果面为浅沟纹，软壳。坚果重1.3～1.4克，单仁重0.63～0.8克，核仁率48.7%～58%，含油量54.7%～57.7%，风味美，抗病，适宜集中建园或农林混作。

五、晚　丰

新疆晚熟品种。树势强，树姿下垂，分枝角度大，树冠开心形，7年生树高4.5米，冠径5.5米。叶片绿色、长椭圆形。新梢直立生。丛状花芽占50%，以越年短果枝群结果为主。花期早，3月下旬花芽萌动，4月上旬开花，花白色。坚果9月上旬成熟。坚果较大，卵圆形，先端扁，褐色，果面孔点多，中壳。坚果重1.9～2.2克，单仁重0.7～1克，出仁率42.1%～42.9%，含油量58.7%～59.7%，风味极美，较抗寒。

六、双　果

主要分布于南疆喀什市、莎车县等地。树姿直立，以短果枝结果为主，产量较高。一般在4月上旬开花，8月下旬成熟。每花结两果，各为单胚。坚果较大，长3.7厘米左右，卵圆形，平均坚果重1.94克，平均单仁重0.85克，出仁率高(约60%)，味香甜可口。

七、扁嘴褐

主产地在南疆喀什市、莎车县等地。属软壳甜扁桃类。树姿开张，叶浓绿色，狭披针形，叶缘褶皱。以小短果枝结果为主，小短果枝上有 2～3 个单花芽，产量较高。抗性强，适应性广。4 月上旬开花，8 月下旬成熟。核壳极薄，取仁易。坚果大，扁嘴长半月形，暗褐色。核仁味香甜，平均壳厚 0.1 厘米。平均坚果重 2.14 克，平均单仁重 1.05 克，出仁率高（约 50%）。

八、尖嘴黄

树势强，树姿半开张，以短果枝结果为主，3 月下旬开花，8 月下旬果实成熟，属晚花中熟品种，适应性强。坚果较大，长 3.9 厘米、宽 1.7 厘米、厚 1.2 厘米，半月形，先端尖，褐色，壳厚 0.1 厘米左右，平均坚果重 1.4 克，平均单仁重 1.1 克，平均出仁率 50%。

九、白薄壳

树姿直立，树冠开心形，以短果枝结果为主，3 月下旬开花，8 月上旬成熟，属早花早果品种。坚果较大，长 2.77 厘米、宽 1.48 厘米、厚 1.06 厘米，长卵形，先端扁，灰白色，壳厚 0.15 厘米左右，平均坚果重 1.5 克，平均单仁重 0.7 克，平均出仁率 45.6%。

十、大薄壳

树势强，树姿开张，叶绿色，4 月初开花，8 月上旬成熟，属中花早熟品种。坚果大，长 3.45 厘米、宽 1.78 厘米、厚 1.26 厘米，长卵形，先端尖，浅褐色。平均坚果重 3.4 克，平均单仁重 1.2 克，平均出仁率 3.5%。

十一、小薄壳

树势中庸,丛状树形,以短果枝结果为主。叶小,披针形,3月下旬开花,8月上旬成熟,属早花早果品种。坚果小,长2.1厘米、宽1.4厘米、厚1.1厘米,卵圆形,先端尖,浅褐色,壳厚0.14厘米左右。平均坚果重0.9克,平均单仁重0.51克,平均出仁率54%。

十二、双　薄

新疆早熟品种。树势强,分枝角度大,树冠丛状,7年生树高4.2米,冠径4米,叶淡绿色,狭披针形。新梢直斜生。以越年中果枝、短果枝结果,4月初花芽萌动,4月中旬开花,花白色。8月上旬坚果成熟,11月上旬落叶,生育期200天左右。抗寒。坚果较大,圆球形,先端短尖,灰白色,果面孔点多,壳薄。坚果重1.6～1.9克,单仁重0.65～0.8克,出仁率40.5%～43.7%,双仁率60%～80%,含油量56.8%～57.95%,风味极美。

第五节　其他品种

山西省农业科学院果树研究所选育出4个扁桃品种:晋扁1号、晋扁2号、晋扁3号、晋扁4号,分别于2003年、2005年、2006年和2007年通过山西省林木良种审定委员会审定并命名,晋扁系列品种在山西省中部地区表现良好。西北农林科技大学园艺学院果树研究所选育出浓美、超美和美心3个品种,于2004年通过陕西省林木良种审定委员会审定并命名。

一、晋扁1号

树势较强，树姿较开张。4月上旬开花，8月下旬坚果成熟，属大仁晚花中熟品种。抗寒，抗旱，耐盐碱，耐瘠薄，抗病虫。坚果大，卵圆形，先端渐尖，核面浅褐色，孔点较深，壳厚0.17厘米，平均单果重3.58克，平均单仁重1.5克，出仁率41.7%，双仁率低，含油量52.8%。核仁味香甜。

二、晋扁2号

树势强，树姿较直立。4月上旬开花，9月下旬坚果成熟，属大仁晚花晚熟品种。抗寒，抗旱，耐盐碱，耐瘠薄，抗病虫。坚果大，扁半圆形，先端渐尖，核面浅褐色，孔点较深，壳厚0.22厘米，平均单果重4克，平均单仁重1.6克，出仁率40%，双仁率低，含油量58.25%。核仁味香甜。

三、晋扁3号

树势强，树姿半开张。萌芽率高，成枝力中等，以短果枝和花束状果枝结果为主。4月上中旬开花，8月下旬坚果成熟，属晚花品种。抗寒，抗旱，耐盐碱，耐瘠薄，抗病虫。坚果中等，扁圆形，核面浅褐色，孔点较深，壳厚0.28厘米，平均单果重3.2克，平均单仁重1.07克，出仁率33.3%，双仁率低，核仁近圆形，均匀、饱满，味香甜。

四、晋扁4号

树势强，树姿较直立。萌芽率高，成枝力强，以短果枝和花束状果枝结果为主。4月上中旬开花，8月底果实成熟，属大仁晚花品种。抗寒，抗旱，耐盐碱，抗病虫。坚果大，扁半月形，果翼较明显，核面浅褐色，孔点较深，壳厚 0.26 厘米，平均单果重 4.11 克，平均单仁重 1.62 克，出仁率 39.4%，双仁率低，核仁味香甜。

五、浓　美

树势较强，树姿开张。叶片较小，披针形，3 月中下旬开花，7 月下旬果实成熟，11 月底落叶。坚果长 3.13 厘米、宽 1.59 厘米、厚 1.15 厘米，平均单果重 1.55 克，平均单仁重 1.16 克，出仁率 74.8%，双仁率 1%。

六、超　美

树势生长健壮。8 月中旬果实成熟，双仁率高。平均单果重 1.1 克，果实为双仁时，平均双仁总重 1.7 克，核仁褐色，核壳厚，出仁率 19.4%。

七、美　心

树姿直立，生长旺盛，花期稍晚于浓美，9 月中旬果实成熟。核仁扁圆、饱满，平均单仁重 1.26 克，出仁率 45.1%。

第三章　扁桃生物学特性

扁桃是长寿树种之一，生长发育快，结果早。一般实生苗3～4年开始结果，嫁接苗2～3年开始结果，10～25年进入盛果期，40～50年后结果能力开始下降，树体寿命可达120～130年，甚至更长。

第一节　扁桃树体结构和特性

一、根　系

扁桃的根系由主根、侧根及须根组成。扁桃根系发达，分布广而深。根据朱京珠(1983)调查，1年生扁桃主根入土深达1米左右，但全部一级侧根和70%二级侧根均分布在20～60厘米深的土层中，30%二级侧根分布在60厘米以下土层中，根幅达90厘米，为苗木冠幅的2倍多。根据对大树的调查，10～15年生树主根可达6米深，水平根达7米。但根系主要分布在20～40厘米的土层中，40～90厘米的土层中根系相对较少。

扁桃根系喜通气良好的土壤，在黏重潮湿的土壤中发育不良。同其他树种一样，扁桃根系具有固定植株、吸收、贮藏和输导养分及水分、将无机养分转化为有机物质及合成某些植物内源激素等重要作用。

扁桃根系在一年中没有绝对的休眠期，如温度、水分和空气条件得到满足，全年均可生长。因此，除冬季短暂的休眠外，根系的生长活动要比地上部分早，随着地温的增高，逐渐进入发根盛期，停止生长也比地上部分晚。一般春季萌芽开花后根系达到第一次生长高峰，在新梢生长盛期，根系活动转入低潮。果实采收后，根系出现第二次生长高峰，但其生长量小于第一次。

二、枝　干

扁桃有明显的主干，无中央领导干，主干开心形，分生若干主枝，主枝上分生侧枝，侧枝上分生结果母枝。扁桃在结果期和初盛果期树干表面光滑，树皮有紫红、紫灰、棕褐、黄褐等颜色，皮孔扁平。成年树的树干渐变粗糙，呈深灰色。老龄树或经严重冻害的树，树干外皮层明显纵裂。

扁桃的枝条在幼龄时期生长特别旺盛，栽后 5～7 年，新梢年生长量可达 2 米。因此，在短时期内可构成庞大的树冠，为较早进入盛果期奠定了基础。此外，扁桃的枝条生长能力保持年限较长，其更新生长能力也远比其他果树强。扁桃由叶芽萌发后长成的枝条，可分为营养枝和结果枝 2 类。营养枝生长量大、生长势强，一年中具有明显的 2 次生长。结果枝通常按长度又分为长果枝、中果枝、短果枝和花束状果枝。

三、芽

扁桃的芽分叶芽、花芽和潜伏芽。叶芽多着生在叶腋或枝条顶端，芽体瘦小，鳞片较小，呈锥形。花芽着生于叶腋下，芽体饱满、肥大，呈卵圆形。潜伏芽也叫隐芽，着生在 1～3 年生结果枝和徒长枝基部的叶腋，以及当年生夏梢、秋梢的节间，春季不萌发，呈休眠状态，受到外界刺激时可萌生枝条。潜伏芽小，不易看出，寿命短，易脱落。

扁桃的芽具有异质性，一般枝条中上部芽饱满，基部及顶部侧芽发育迟缓，质量较差，花芽多分布在枝条的中上部，这种芽的异质性直接影响到枝条的生长、树冠的形成，是果树修剪时的重要依据。

四、花

扁桃花芽为纯花芽，单生或与叶芽并生。多为单花，偶见双花。花为两性花，构造和桃、李、杏等核果类果树相似。扁桃花由花柄、花托、花萼、花冠、雄蕊和雌蕊组成，子房下位花。花单生，花有白色、粉红色和紫色等。花柄短，3～5毫米。萼筒钟状，萼片长椭圆形，花瓣5～7枚，宽楔形。雄蕊30～36个，花丝上部粉红色，花药黄色。雌蕊多为1个，与雄蕊等长或略高。花柱细长，柱头淡黄绿色。扫描电镜结果表明，扁桃的花粉为长椭圆形，具有3个萌发孔沟，花粉外壁纹饰为条纹状，有穿孔。子房淡绿色，密生白色茸毛。扁桃是雌蕊败育率高的树种，所以常常是满树花而结果少。

扁桃花根据雌、雄蕊长度可分为4类：一是雌蕊高于雄蕊；二是雌、雄蕊同高；三是雌蕊低于雄蕊；四是雌蕊完全退化。第一、第二类花可正常结果，第三类花在有授粉条件时可以坐果，第四类花不能结果。雌蕊退化花的花粉能正常发芽。雌蕊退化的主要原因是营养问题，同时也与品种有关系。生长健壮的树和中短果枝雌蕊退化较少；衰老树、长果枝、2～3次枝则雌蕊退化较多。加强土肥水管理、及时更新复壮修剪、采收后及时追肥、保护叶片完整等，都可减少退化花的比率。

五、叶

扁桃叶片光滑，具旱生结构，有托叶。其叶片大小、形状、叶色深浅因品种而不同。扁桃叶片有披针形或椭圆披针形、斜披针形、长卵圆形。叶色呈灰绿色、绿色或浅绿色，叶背颜色稍淡，轻度革质。叶中部以下较宽，叶前端渐尖，基部呈楔形或圆形，具蜜腺2～4个。叶缘具细锯齿，托叶近圆锥形。

叶片是进行光合作用、制造养分的主要器官，也是进行呼吸和蒸腾作用的主要部位。叶片还能通过气孔吸收水分和养分，保护叶片完整是扁桃生产的关键技术之一，"保叶如同保果"，它不仅可提高产量，而且可以提高树体的抗逆性。

六、果实与种仁

扁桃果实为核果，由子房发育而成，果实从形态上包括果皮（外果皮）、果肉（中果皮）、果核（内果皮）、种子等部分。扁桃果实淡绿色，密被茸毛。果实纵扁，果肉薄，纤维质化，成熟时大多数品种沿腹缝线纵裂，露出坚果，坚果的形状有球形、卵形、长椭圆形、半月形等。

扁桃种仁由种皮和胚组成，胚由胚根、胚芽和2片子叶组成。其子叶肥大，含大量营养，是食用的主要部分。种皮褐色或黄褐色，表面光滑或有皱纹。种仁饱满，有扁圆形、长扁圆形和椭圆形等，乳白色，味甜、微甜、微苦或苦。

第二节 扁桃年生长发育特性

扁桃在一年的生长发育中，都要经过萌芽、展叶、开花、新梢生长、果实发育成熟、花芽分化等阶段，然后进入休眠期。掌握树体在一年内的周期变化规律，了解各器官的形态和生理功能，对扁桃园的生产有着重要的指导作用。

一、萌芽与开花

通常情况下叶芽较花芽萌动早5～15天，但叶芽萌动、展叶的迟早与花数量有关，花少或没有时，萌芽展叶就早或与开花同期，且叶片生长快。花数量多时叶片生长就慢，直到花期末，叶片生长才逐渐加快。展叶需要 20～30 天，速度由慢到快。据观察，在郑州地区，3 月 26 日至 4 月 5 日展叶，11 月上中旬开始落叶。

扁桃开花时间的早晚，与冬季寒冷量、春季花前暖温量和芽生长时的温度临界值三因素有关。但这些因素对于不同品种结果的影响可能不同。扁桃通过休眠期的温度有效范围是 4.4℃～10℃，在 7.2℃以下，不同品种需要的时间范围从 300 小时至 600 小时不等，其常被用于品种比较的标准。休眠结束后，花芽开始膨大，开花时间取决于温暖时间的长短和对温度的要求，不同品种开花时间又有差异。在通过休眠后紧接着一个非常温暖的时间，常常会开花早、开花多。相反，如果寒冷量不足和暖量少，会引起晚开花或花期延长，而且各品种开花时间不一致。在我国北方地区扁桃一般都能通过低温休眠。

根据扁桃开花时间的早晚，可把品种分为早花品种、中花品种和晚花品种 3 类。早花品种易受低温和晚霜危害；中花品种开花相对较晚，受晚霜影响较轻；晚花品种基本可免于晚霜的危害。因此，在发展扁桃生产中选择品种时，不但要重视品种的品质、产量，还必须了解品种的开花时间，并根据当地气候特点、立地小气候环境等确定适宜的品种。

扁桃在不同的地区开花时间也有差异。据吴翠云观察，在南疆 4 月 7～9 日为初花期，4 月 8～10 日为盛花期，4 月 14～16 日为落花期。郭春会等在陕西观察发现，较早开花品种 3 月 10 日花芽萌动，3 月 18～20 日为盛花期，3 月 30 日为落花期；较晚开花的品种 3 月 20 日花芽萌动，3 月 23～25 日为始花期，3 月 28～31 日为盛花期，4 月 5 日为落花期。乔进春等在河北保定观察，一般 3 月 15～16 日萌芽，3 月 27～30 日为始花期，4 月 2～4 日为盛花期，4 月 6～7 日为落花期。

二、授粉与受精

在一个具有早、中、晚开花品种的扁桃园，开花期会持续相当长的时间。一朵花的开放期为1.5～3天，花开后花粉散落是在2～12小时进行的。通常情况下扁桃花的授粉力只能保持3～5天，授粉越早，坐果的概率就越大。研究表明，在开花后1天授粉坐果率为80%，开花后3天授粉坐果率为31%，开花后5天授粉坐果率只有1%，说明在开花后及时授粉非常重要。

亲和力是指花粉在花柱上萌发及到达胚珠并完成受精的能力。扁桃的大部分品种可自花授粉而不能受精，需要异花品种授粉才能受精结实。异花品种之间也同样存在授粉亲和力差异问题。据试验，用同一株树的花粉给其他花朵授粉，结实率仅为0.5%。同一品种之间授粉的结实率也相当低，只有4.7%。

人工异花授粉试验中4个品种、9个授粉组合坐果率只有1个为21.35%，其余的在42.55%～73.21%。其中混合花粉授粉试验结果最好。人工放蜂条件下的坐果率明显高于无蜜蜂自然授粉的坐果率，昆虫传粉可达到人工授粉的效果。授粉试验还表现出扁桃雌蕊柱头的有效授粉时间为开花后的前4天，授粉越早，越有利于坐果。荧光显微观察表明，扁桃花粉管最早于授粉第七天通过花柱基部到达子房，第八天到达胚珠。因此，要获得扁桃丰产，配置好授粉树是前提。扁桃的传粉媒介主要是昆虫。美国对蜂群传粉的研究结果表明，蜜蜂的采蜜活动是沿着树行进行的。有效传粉范围为150米，有蜜蜂的果园比无蜜蜂的果园的产量高1.6～2.9倍。影响授粉和受精的因素有以下几个方面：一是花器官的形成是影响授粉的主要原因，不同品种、不同管理技术水平所形成的花芽质量有所不同，花芽发育完全与退化比例不同。二是授粉时间不同影响授粉效果。三是不同授粉方式对坐果产生不同的影响。四是主栽品种与授粉品种的配置。如果所定植的主栽品种和授粉品种的花粉亲和力不高，即使在生产中管理技术到位，花芽形成的质量高，完全花的比例也高，开花时采用人工授粉措施，那么它的坐果率也不可能高，也不会获得高的产量。如果以纸皮作为主栽品种，授粉品种最好选择双软。以双果作为主栽品种，晚丰作为授粉品种最好。以双软作为主栽品种，选晚丰作授粉树较好。以晚丰作为主栽品种，选双果作授粉树最佳。以晚丰作为双果、双软的授粉品种，其坐果率都在 45%以上。五是环境条件对授粉的影响。开花后 1 个小时内，随着花药的开裂，花粉开始脱落，花药开裂的最佳温度为 18℃～30℃，低于 16℃会阻碍花药开裂。花粉萌发的适宜温度为 10℃～21℃，此时花粉萌发很快，5℃以下花粉萌发受阻。花粉管伸长的最佳温度为 16℃～27℃，27℃以上时伸长速度减慢，32℃以上时，花粉管就会被烧伤，－2℃花柱就会受冻害。降雨或环境湿度大时，会抑制花药开裂、花粉破裂，而且会冲淡柱头上的黏液，影响花粉附着。另外，低温、降雨、大风等均不利于蜜蜂活动，从而不利于授粉。

三、新梢生长

枝条伸长生长从叶芽萌发开始至新梢顶端形成新顶芽停止，常可分为 3 个时期。

（一）开始生长期

叶芽放叶，叶面积增大，新枝生长不明显，15 天左右。

（二）急速生长期

新枝明显伸长和增粗，枝上新叶也随之形成和长大。生长期长短随枝条种类而不同。幼树的发育枝生长最长，为 120 天左右，成龄树短枝需要 15～20 天，而长枝需要 30～40 天。

（三）生长终止期

生长渐渐变慢，直至停止，枝条组织逐渐充实，最终形成顶芽。扁桃枝条生长旺盛，叶芽具有早熟性，一年中可产生 2 次枝和 3 次枝。这种特性在树的幼龄阶段表现尤为突出,可利用这一特性在定植后1～2年,采用摘心方法,促成二次枝生长,加速成形和形成结果枝组。

枝条除伸长生长外,还要进行加粗生长,加粗生长是形成层组织细胞分裂、周径增厚的结果。扁桃形成层细胞分裂活动早,在芽开始萌发时就已经开始了,当伸长生长处于急速生长期,加粗生长进入缓慢期;当伸长生长缓慢和停止时,加粗生长进入速生期。

四、果实发育

果实发育是指正常受精的果实,开始生长发育。扁桃从开花至果实成熟需要生长发育100～120天。果实发育大体可分为3个阶段:第一阶段,从落花后至5月初,为果实迅速生长期,之后果实大小几乎不再增加;第二阶段,从5月初至6月初,为果仁速长期;第三阶段,从6月初至9月份,为果仁重量增加期。果仁干重的增加是从核壳转硬开始,至果实成熟、果皮开裂的整个过程逐渐进行的。同时,核仁的含水量减少,含油量增加。经过一系列营养成分的变化,在成熟时达到相对稳定。

扁桃落花落果有3个明显的时期。第一次落花,从开花初至落花后。落花的主要原因与花芽形成时的一些因素有关。第二次落果产生于花后1周内,主要是一些未受精的果实。第三次落果发生于花后6～7周,也称6月落果,这次落果的主要原因是果实与果实、果实与枝条养分竞争或其他原因造成的胚败育引起的。

五、花芽分化

扁桃芽形成于叶片的腋部,也就是叶片在枝条上着生的地方。在叶片成熟以前,花芽与叶芽的区别形成过程就开始了。但在发育的早期,叶芽的外观和花芽的外观极其相似。到了6月份或7

月初，芽外表变褐、变硬，里边包含着大量的芽鳞和1个芽原基顶端生长点，称为顶端分生组织，由此分化产生花芽或叶芽。花芽分化包括生理分化和形态分化2个时期。生理分化早于形态分化。形态分化可分为花芽未分化期、分化开始期、萼片分化期、花瓣分化期、雄蕊分化期、雌蕊分化期等6个时期。

(一)未分化期

芽外形瘦小，外层鳞片紧包，芽体圆锥形贴在枝条上，先端钝尖，稍离枝条，此时尚不能区别叶芽和花芽形态上的变化。7月10日以前，芽内生长点呈尖圆弧形。

(二)分化开始期

芽体逐渐长大，上部与枝条分离，内层鳞片不断增加，花芽略微大于叶芽。7月中旬芽内开始出现花原基，生长点初为圆形，逐渐变为圆弧形，中心产生微突起，叶芽原基生长点呈圆尖形。

(三)萼片分化期

芽体明显增大，鳞片出现松动，花芽呈圆锥体形。叶芽鳞片紧包，圆锥形，较小，外形基本上可以区分叶芽和花芽。7月下旬芽内生长点顶端变得不平，中心部凹陷，7月底四周出现明显的突起，为萼片初生突起，标志进入萼片分化阶段，以后逐渐伸长，8月上旬基本形成。

(四)花瓣分化期

芽体增大增长，突出叶腋间，芽体与枝叶梗接触逐渐减少，此时叶芽明显瘦小。8月上中旬以后，随花萼进一步伸长，在其内侧基部产生突起，是进入花瓣分化的标志。

(五)雄蕊分化期

花芽更加突出，呈椭圆体状，仅基部与枝叶相连，外部鳞片生长缓慢，内部鳞片逐渐露出顶端。8月中旬以后，芽内花瓣向内侧延伸生长，8月下旬在其内侧分化出2排、多个突状体，即雄蕊原基出现，这标志着进入雄蕊分化期。

(六)雌蕊分化期

芽体明显伸长,呈椭圆形,顶端鳞片更松,内部鳞片伸出。芽体内花瓣顶端逐渐靠近,8月底芽内基部中央由平变成圆形突起,即为雌蕊原基,进而逐渐向上延伸,增粗、增长形成花柱,9月下旬花柱先端形成柱头。

扁桃的花芽是纯花芽,有单芽、复芽、双花芽3种类型,花芽主要着生在1年生枝叶腋间,极少数小短果枝的顶部也有花芽着生。各类型枝上都能形成花芽,但不同枝上花芽形成的数量、类型及着生部位有所不同。生长势越强,复花芽和双花芽形成数量就越多。对于同一类型结果枝。生长势强弱极大地影响着其枝上花芽数量、质量及花芽着生的部位,生长健壮的果枝上花芽芽体大而饱满,花芽的数量明显高于生长势弱的果枝;而生长势弱的结果枝,其上花芽主要在枝条上部和基部,花芽的质量较差,随枝条的生长势增强,枝条中部着生花芽数量也增多,且复花芽较多。

扁桃结果树上的花芽横向地着生在枝条上,短果枝上有1～5个,但有时也会多些。当短枝生长到14厘米时形成侧花芽。盛果期树,花芽大多着生在枝条末梢附近。通常在秋天和冬天,花芽的发育要求适当的温度、低温量来通过休眠。有些品种湿度过大时,会发生芽脱落现象;有些品种在暖冬之后芽脱落严重,这显然是冬季寒冷量不足的原因所致。

扁桃花芽形成所需时间,因品种不同而异。早开花品种花芽形成只需要50～75天,这类花芽冬季休眠程度浅,在初冬或早春气温转暖时,即可开花。晚开花品种需要80～100天,此类品种冬季休眠稳定,开花比较晚,可免受早春寒害。

花芽在枝条上的形成,决定于早期枝条的生长势,若早期枝条生长健壮充实,腋芽间形成的芽多是花芽;反之,则可能是叶芽。因此,为了促进花芽的形成,就必须加强生长期的管理,保护树体和叶片健康,创造有利于花芽分化的营养条件。

扁桃幼树和强旺树，花芽多生于生长充实的长枝。老年树或弱树枝条的花芽多着生在短果枝、花束状果枝上。叶芽的分布不在顶芽而在侧芽。叶芽发育而成的仍为短果枝，有利于控制结果部位上升。有些品种的短果枝可以连续结果3～4年。

六、休　眠

从落叶至萌芽为休眠期，该期从外部一般看不到生命活动现象，但树体组织细胞生命活动仍在缓慢进行。

扁桃其抗寒性远远超过桃树，需要通过低温（7℃以下）70天左右方可解除休眠。在冬季休眠期，能够抵抗－20℃的低温，但在－20℃～－24℃时，会有微弱的冻梢现象。

第三节　扁桃的生命周期

植物从种子萌发至植物全部死亡的生命活动，为其个体发育过程。而嫁接及其他营养繁殖的植株，是母株个体发育过程的延续。根据多年对果树个体发育过程的研究与扁桃生长发育特点，其个体发育过程大体可分为：幼龄期、初果期、结果盛期、衰老期4个阶段。扁桃嫁接苗定植后2年为幼龄期，第三年至第五年为结果初期，以后进入结果盛期。在气候、土壤适宜及一般管理条件下，寿命可维持40～50年，之后结果逐渐衰退，逐渐失去经济价值。如果管理条件良好，经济寿命可延长，扁桃的寿命可高达100年以上。

一、幼树期

从扁桃苗木定植后至首次开花结果。定植后1年地上部分生长迅速，株高可达1.7～2米，干粗1.4～2.2厘米。中央干上着生枝条12～17个，最长枝1.45米。第二年主干延长生长及主枝生长均旺盛，中短果枝开始形成，根深达2米以上。

这个时期在管理上应深翻土壤，扩大树盘，充分供应肥水，轻修剪，适当多留枝，使根深叶茂，尽早形成预定树形，为早期丰产打好基础。高密度的栽植扁桃园，前1～2年当新梢长到一定长度时，采用拉枝、摘心或喷施适宜浓度的生长抑制剂，促使形成花芽，达到缩短幼龄期的目的。

二、初 果 期

首次开花结果至盛果期开始为结果初期。这时树冠和根系迅速生长，达到或接近预定的最大营养面积。由于叶果比例大，易形成花芽，产量逐年上升。这一时期的长短主要取决于管理水平的高低。为了加速达到结果盛期，轻修剪和重施肥是主要措施。目标是使树冠尽可能快地达到预定的最大营养面积。同时，要缓和树势，使花芽形成量达到适度比例(30%～50%的果枝量)。

三、盛 果 期

从有经济产量开始，经过高额稳定产量期，到开始出现大小年结果和产量开始连续下降的初起为止，这时营养生长和生殖生长相对平衡。树高可达7米以上，根系深达6米，干粗15.5厘米，以后生长强度减弱。此期由于果实产量高，消耗大量营养物质，因此枝条和根系生长都受到抑制，树冠达到最大限度。然后，由于末端小枝的衰老死亡或回缩修剪措施而又趋向于缩小树冠，根系的末端须根也有大量死亡现象。这样就自然地缩小了根系与叶片的距离，从而有利于提高吸收和合成的代谢速度。

此期应充分供应肥水，细致更新修剪，均衡配备营养枝、结果枝和预备枝，疏花疏果、合理负载，使生长、结果和花芽形成达到稳定平衡状态，以获得较高稳定的产量。

四、衰老期

从稳产高产状态被破坏，开始出现大小年现象和产量明显下降起，到产量降到几乎没有经济效益为止。这时，由于地上、地下分枝级数太多，根、叶距离相应加大，输导组织相应衰老，开花结果消耗多，贮藏物质越来越少，末端枝条和根系大量衰亡，病虫害较多，土壤肥力片面消耗、根系附近土壤中有毒物质的产生和积累增多等，多种因素促成了衰老。但扁桃树的隐芽寿命较长，且萌芽力强，老枝干受机械损伤或折断时，易萌发徒长枝，因此利用隐芽和徒长枝易更新复壮树冠。

在栽培管理上，大年以疏花、疏果为重点，配合改土、增施肥水和更新根系，适当重剪缩，利用更新枝条。小年促进新梢生长、控制花芽生长量，以延缓衰老。

第四节　扁桃对环境条件的要求

一、温　度

营养生长期要求有效积温 3 500℃左右，才能保证扁桃树的正常生长和结果的需要。在落叶果树品种中，扁桃既抗热而又相当耐寒，在充足休眠的情况下可耐－27℃的短期低温。一些野生扁桃能耐－40℃的低温。

花期低温往往是影响扁桃产量的主要原因。在极度严寒的条件下(如－28℃低温)，持续 5～7 天后，可使 1～3 年生的枝条受冻；在－25℃条件下，持续 3～5 小时可使花芽冻死；－15℃～－10℃可使萌动的花芽死亡。扁桃是早花品种，解除休眠后，抗低温的能力明显下降，花期如遇－3℃～－2℃的低温就会出现冻害。幼果期如遇－1℃～0℃就会有冻伤的现象。扁桃授粉受精的最适宜温度为15℃～18℃。当温度降至1.4℃～0.2℃时，花芽停止发育。

二、水　分

扁桃根系发达，入土深度可达6米，耐旱能力强，在整个生长期有400～450毫米的降水量，就可以满足其基本生长发育的需要。但在干旱地区要获得较高的产量，灌溉是必不可少的。扁桃的需水期主要集中于发芽后和果实膨大期。气候干燥有利于开花坐果和果实生长。在湿润多雨的地区，虽然也能生长，但不能丰产。适宜的土壤含水量是田间持水量的60％～80％。

在扁桃的年生长周期中，不同时期需水量是有差别的。一般来说，从开花至枝条第一次停止生长时期内，有少量降雨或灌水，可保证枝条正常生长和花芽分化。如果在这个时期内前期干旱，后期有适当的降雨和灌水，将会促发二次枝的生长，同时推迟花芽分化的时间，但也有利于花芽分化，为翌年丰产奠定基础。

秋季灌封冻水是保证扁桃根系发育的基础。尤其是在冬季干旱的地区，秋季不灌封冻水，根系生长缓慢，不利于翌年春季枝条的生长。早春花前15～20天灌1次萌芽水，不但有利于枝条的生长，还会提高扁桃的坐果率。

三、光　照

扁桃喜光、忌遮阴，在光照不足的情况下，树冠内部小枝易出现枯死，大枝基部光秃，形成结果部位外移。尤其是粗放管理、多年不修剪的树体更为明显，容易有感染病虫、落花落果等不良现象。密植栽培时，树冠扫帚形，上部叶片多，病虫害感染严重，下部枝条很快死亡。因此，合理修剪、调节好树冠内部的光照，可以增加结果部位，防止结果部位外移，提高花芽质量和扁桃的产量，也可以延长树体的经济寿命。

扁桃全年需日照时数为2 500～3 000小时。日照时数不足会影响它的生长发育。有时在持久的阴雨天气下，会造成扁桃的花和子房脱落，所以在栽培前应考虑光照因素。

四、地　势

扁桃喜欢背风向阳的坡地，在背风向阳的坡地，气温高，光照充足，大风危害少，冻花冻果程度轻，产量稳定，果仁品质好。背光的沟谷或洼地，光照不足，冷空气容易聚集，形成霜冻。

五、土　壤

扁桃对土壤要求不严，在沙砾土、沙土、黏土、黑土、壤土中均可生长。但在不同土壤上栽培的效果不同。建园最好在土层深厚、肥沃和排水、通气良好的壤土和沙壤土上。在轻沙壤土上施有机肥并有灌溉条件下可以获得很好的收成。在中度黏重的土壤上扁桃生长很好，但应注意排水，过于黏重的土壤不宜栽植。在酸性土中扁桃生长也会受到抑制。扁桃能耐微碱性的土壤，但碱性过强则生长发育不良，适宜的土壤pH值为7～8，耐盐极限浓度为0.25％～0.3％。

在土壤水分过剩而积水时，易发生根部腐烂，树体出现流胶、落叶，甚至死亡。定植在地下水位高的土壤中，根系分布在土壤表层，稳定性不强，易被风吹倒。

第四章 扁桃苗木繁育技术

在生产上，扁桃多采用实生苗和嫁接苗建园，也有采用根蘖苗繁殖的。以实生苗建园，多选用当地丰产、质优的扁桃品种采种，进行播种育苗，待实生树结果后存优汰劣。试验发现，扁桃实生繁殖后代具有相当大的遗传稳定性，其优良性状基本能保持。因此，国内外不少生产单位，仍沿用种子播种繁殖苗木的方法。目前，根据商品生产的要求，为了实现新建扁桃生产基地的良种区域化、品种优良化，尽早取得可观的经济效益，应采用嫁接苗高标准育苗。扁桃嫁接苗可保持母本植株的优良性状，通过嫁接可迅速扩大优良品种的群体数量而性状保持一致，可以明显地提高产量和品质，增强品种抗性，提早结果，从而提高扁桃的经济效益。

第一节 苗圃的建立

苗木是扁桃栽培的基础，苗木质量的优劣，直接影响扁桃的产量、品质和经济效益。只有培育选用优良的苗木，才能获得早结果、早丰产和优质的商品果实。所以，在育苗时应注意抓好各个环节的质量，以便生产出优质苗木，满足生产上的需要。

一、圃地选择

(一)苗圃的位置

第一，苗圃应设立在苗木需求的中心，这样可以减少运苗过程中苗木因失水而导致的苗木质量下降，还能够提高对当地生态环境条件的适应性，苗木栽植成活率高，生长发育好。

第二，苗圃地的交通条件要好，宜靠近铁路、公路或水路，以便于苗木和生产物资的运输。

第三，苗圃应尽可能靠近相关的科研单位和大专院校，以利于获得先进的技术指导和获得最新的生产动态，并且有利于信息传递和苗木销售。

另外，还要注意苗圃附近不能有排放大量煤烟、有毒气体、废料的工厂等。

(二)地形、地势及坡向

苗圃地宜选择背风向阳、排水良好、地势较高、地形平坦的开阔地带。坡度的大小，通常根据不同地区的具体条件和育苗要求来决定，比较黏重的土壤，坡度应适当大些；在沙性土壤上，坡度宜小些。

地下水位较高(在 1 米以上)的低地、过于肥沃的平地、光照不足的山谷、重盐碱地和苗木易受冻害的冷空气汇集地(风口、峡谷等)均不宜作苗圃。

在地形起伏较大的地区，不同坡向、光照、水分和土层厚薄等往往不一样，这些原因都会对苗木生长有较大影响，应根据各地自然条件，因地制宜地选择应用。

(三)土　壤

苗圃地土壤的优劣直接影响苗木的产量和质量。一般以沙壤土、壤土为宜。在黏重土、沙土和盐碱地上育苗时，必须先进行土壤改良，分别掺沙、掺土并修筑台田后，再施用多量的有机肥，然后育苗。

苗圃地土壤肥力要求中等。凡培育过核果类树苗的地一般需要倒茬，间隔 3～4 年再作育苗地。轮作物以豆类、牧草、薯类和蔬菜为好。扁桃对于土壤要求不严，在土层深厚、通气良好、地下水位较低、pH 值 7～8 的壤土和沙壤土最适宜生长，在土层浅薄的石山坡和戈壁滩边缘的卵石荒漠土上也能生长。但在土壤黏重、潮湿或盐分过多以及地下水位过高时生长不良,并容易感染根腐病。

(四)灌溉条件

种子的萌发或幼苗的生根都需要保持土壤湿润,而且幼苗生长期间根系浅,耐旱力弱,对水分要求严格,应保持水分的及时供应。在水源不足的地方采用滴灌、喷灌等现代化灌水技术。扁桃要求地下水位在 1.5 米以下。

二、圃地规划

为了培育、生产优质扁桃苗木,应根据当地的气象、地形和土壤等资料,对苗圃地进行全面的规划。

(一)母 本 园

母本园主要提供良种繁殖材料,包括砧木母本园和接穗母本园。母本树应和品种区域化等要求相一致。当前,我国设有母本园的苗圃不多,一般均从品种扁桃园采集接穗。为了保证种苗的纯度和长势,防止检疫性病虫害的传播,应建立各级专业苗圃的母本园。

(二)繁 殖 区

根据所培育苗木种类的不同,分为实生苗培育区和嫁接苗培育区。为了耕作和管理方便,最好结合地形采用长方形划区,长度不短于 100 米,宽度可为长度的 1/3～1/2,也可以按面积为单位进行区划。

(三)道　路

可结合规划要求设置道路。干路为苗圃与外部连接的主要道路。大型苗圃的干路宽度为 6 米左右。支路可结合大区划分进行设置,一般路宽 3 米。大区内可根据需要分成若干小区,小区间可设若干小路。

(四)排灌系统和防护林

为了节约用地,可结合地形及道路分布情况,统一规划设置排灌系统和防护林。沟渠比例不宜过大,以减少冲刷,通常不应超过1/1 000。防护林设置应按照全面规划,实行山、水、园、林、路综合治理,从当地实际出发,因害设防,适地适栽,早见效益的原则进行。

(五)房　舍

规模大的苗圃,房舍包括办公室、宿舍、农具室、繁殖材料贮藏室、化肥农药室、包装工棚、苗木贮藏窖、车库和厩舍等。应选位置适中、交通方便的地点设立,尽量不占好地。

第二节　实生苗繁育

一、种子采集与贮藏

繁殖扁桃实生苗时,应从采种母本园或优质品种园中选生长健壮、丰产、稳产、无病虫害的健壮树体作为采种母树。用作育苗的种子,必须到果实充分成熟后再采收。充分成熟的种核表面鲜亮、核壳坚硬、种仁饱满,剥开呈白色。若核壳发污,种仁变黄或瘪瘦,则发芽率、出苗率均低,即使出苗也不健壮,因此不宜作种子用。果实采收后要及时剥去和洗净核表面的果肉,严禁堆放果实,以免因果实腐烂,导致温度升高、含氧量减少、水分不易散失而烂种的现象。洗净的种核应放在背阴处晾干,防止在日光下暴晒,造成种子过量失水而降低生命力。晾干的种核放置在干燥通风的地方贮藏。

种子采收后,必须经过一定时间的后熟过程,才能萌发。种子处理通常用低温沙藏法。在沙藏过程中,其内部要发生一系列生理生化的变化,解除休眠后才能萌发。秋播的种子浸水后可直接播种于苗圃地，春播的种子都要进行催芽处理。

二、种子处理

种核需经0℃～5℃的低温处理一段时间后才能裂核，核内种子才能发芽。必要时当年采收的种核经过0℃～5℃的低温下贮藏1个月后，播种于温室营养钵内。春季把苗木移植到大田中去，当年就可生长成为优质苗木。但目前生产上主要是利用冬季自然低温进行种核处理。种核是否裂口是保证种子发芽的关键。经过沙藏的种核大部分会自然裂口，少部分不裂口的采用人工破壳技术，可促使种子容易萌发，出苗整齐。下面为几种具体的处理方法。

（一）层积沙藏

准备春播的种核，应于上一年冬季进行沙藏。方法是在背风向阳干燥处，挖深60～100厘米、宽100厘米的坑，长度根据种核的量而定。在沙藏前，先将种核用清水浸泡3～4天（浸泡时搅拌、漂洗，除去杂物及瘪核，浸泡过程中每天换1～2次水），然后种核与湿沙按1∶5的比例混拌。湿沙含水量为60%～70%，即用手握成团、松手后散开为宜。放入种核之前，坑底先铺10厘米厚的湿沙，然后将混拌好的种核埋在土坑里，距地面5厘米以上用湿沙填平，并培一个高出地面15厘米的沙土堆，防止积水。若种核量大，可在坑内直插几束秸秆把（或草把），以利于通风散热，防止种子发霉。沙藏坑应注意防鼠，可在四周用细眼铁丝网罩住，或投放毒饵。沙藏过程中间应检查2～3次，及时拣出霉烂种核。水分过多时可掺入少许干沙，以降低湿度；沙子过干时，洒些水增加湿度。3月上中旬，当有大部分种核裂开种仁露白时，即可取出种仁播种。沙藏时间视砧木种类而异，在0℃～5℃条件下，扁桃薄壳25天、中壳30～40天、厚壳60～70天。

(二)沸水处理

来不及沙藏时，可将种核在播种前 20 天左右用沸水烫种，不断搅动，待水凉后浸泡 1～2 天，捞出后堆放在背风向阳(气温在 20℃～25℃)的地方，上盖草袋或麻袋，保温、保湿。前期每隔 1～2 天洒 1 次水，后期每天洒 1～2 次水，并经常翻动。待种核裂口时，即可取仁播种。

(三)破核催芽

在播种前 10 天左右，将种核砸开(种皮不可碰破)，取出种仁，用清水浸泡 1～2 天，再将种仁与湿沙以 1∶3 的比例拌匀，置于 20℃～25℃条件下催芽。也可用火炕催芽，即在火炕上先铺一层湿沙，厚 3～5 厘米，然后将沙和种仁拌好后铺在上面，厚 10～15 厘米，其上再盖一薄层湿沙，均匀加温，4～5 天后即可发芽。此法出芽整齐，出芽率比沙藏高 5%～10%，但较费事。

三、播　种

(一)播种时期

播种期分春播、秋播 2 个时期。生产上主要采用春播。

1. 春播　春季土壤解冻后，经过层积处理或催芽处理后的种子，在整好的苗圃地上开沟播种，播种深度应视土壤种类和土壤湿度而定，一般约 3 厘米，种子间距为 10 厘米左右。播后覆土踏实，使种子与土壤密切接触，并将表土耙松 1～2 厘米，以利于保墒。出苗前不宜灌水，以免降低地温，延迟出苗。且土壤太湿也易发生立枯病。一般 15～20 天后即可出苗。

为了保温、保墒，有条件的可用地膜覆盖，进行地膜覆盖的早 5 天左右出苗。方法是在苗圃地上，按地膜宽度做畦，一般膜宽为 90 厘米，做畦宽 70 厘米，埂宽 20 厘米、埂高 10～15 厘米，地膜盖在畦面上，两边分别用土压在埂上，并拉紧，使地膜与畦面有一定的空隙。幼苗出土后应及时割破地膜，使小苗露出地膜，在小苗的四周用土压实地膜，防止水分的散失，提高土壤温度，有利于苗木的生长。

2. 秋播 在当年秋季至土壤封冻前进行。秋播不但可省去层积处理或催芽过程，简便易行，而且翌年春出苗早，出来的幼苗较壮。其缺点是用种量大，出苗不整齐。秋播开沟应比春播深些，一般为5～10厘米。播前最好用农药拌诱饵，以防鼠害。

（二）播 种 量

种子经催芽后有30％左右露白时，即可分批挑出萌芽种子进行播种。播种前1天要检查出芽率，以确定播种量。方法为播种前1周左右，随机取100粒种子，洗净后放在湿润的吸水纸上保持温度25℃左右，同时保持湿润，1周后计算发芽率，并通过以下公式计算播种量：

播种量（千克/667米^2）＝（每667米^{2}计划出苗数/发芽率）×（每千克种子粒数/种子纯度）

由公式计算出的数字为理论播种量，实际操作中播种量至少应比理论值高15％左右。一般以每667米^{2}出苗4 000～6 000株为宜，因而生产上，薄壳、软壳种子一般每667米^{2}播种量10千克为宜，厚壳种子则为15～20千克。

（三）播种方式

常用的播种方式有条播、撒播、点播。扁桃多采用开沟条播的方式。播种沟深3～5厘米，行距10～25厘米。

四、苗期管理

幼苗出齐后，要及时松土，尽早拔去有病虫、过密和生长弱的苗，间苗一般要进行2～3次，最后定苗。间苗后，株距应保持8～10厘米。若缺苗，可用带土移栽法及时把苗补齐。每次间苗后，要及时浇水灌缝，防止漏气晾根。定苗时保留的苗数要略大于预计产苗数。

(一)施　肥

苗圃追肥2～3次,前期应施氮肥,每次每667米^{2}施用量5～10千克,撒施、沟施、根外追肥均可。根外喷洒可用0.3%～0.5%尿素溶液,促进苗木的生长。进入8月份以后,为加速苗木的木质化,避免苗木徒长、推迟休眠期、造成冬季抽条,禁止追施氮肥,可以施用磷、钾复合肥,如磷酸二氢钾6～10千克/667米^2。

(二)灌　水

为避免发生病害或徒长,灌水不宜过早,也不宜过多。以幼苗长出4～5片真叶时,开始灌水。北方春天气候干旱,应及时注意土壤墒情,一般1年灌水4～6次,播种前要灌足底水造墒。出苗前不能灌蒙头水,以免土壤温度的降低和土壤板结,从而影响种子的萌发和出土。出苗期和幼苗期只能用喷水的方式,保持土壤湿润即可。当苗木生长至15厘米左右时,可采用地面灌溉的方式,灌水量可加大。但进入8月份以后,由于雨量的增加,可适当减少灌水量,保持土壤较低含水量,防止苗木徒长、组织不充实,以利于苗木的越冬。

(三)中耕除草

一般在施肥、灌水或降雨后进行,以防止杂草生长与苗争夺养分和光照,及时疏松土壤,减少水分蒸发,起到抗旱保墒的作用。松土除草时要细致认真,不能伤及苗木。中耕除草的次数应根据灌水、降雨和杂草的情况而定。

(四)抹芽与摘心

抹芽是抹除砧木10厘米以下萌发的幼芽,以增加光滑程度,有利于提高嫁接速度和成活率。

实生苗生长至30～40厘米时应进行摘心,摘心可以降低向上生长的速度,而加快粗度的生长,促进根系的发育。晚秋进行摘心,可促进组织成熟老化,控制秋梢生长,有利于越冬。8～9月份可以进行芽接。

（五）防治病虫害

病虫害会对苗木生长造成影响，严重时造成缺苗断垄或成片死亡，降低苗木的质量。因此，应注意及时防治苗木的病虫害，采取有效的措施，减少病虫害的发生，保证苗木的正常生长发育。

（六）塑料小拱棚育苗

播种后，用细竹竿或软枝条等在苗床上做成拱形，在拱架上覆盖地膜，两边用土压实。从播种至幼苗出土，棚内要保持一定的温度、湿度，防止温湿度变化过大而影响苗木的生长。温度要保持在25℃～30℃，空气相对湿度80%～90%，有利于苗木早出土、早生根。当幼苗生长至2～4片真叶时，棚内温度保持在25℃～28℃，空气相对湿度70%～80%。要注意观察棚内温度，如果温度超过30℃，则要通风降低温度，在棚的两端把薄膜揭开少许。当幼苗生长至4片以上真叶时，要防止温度过高，苗木生长速度过快，苗木组织不充实。防止苗木生长过快，应逐步加大通风量，让苗木得到充分地锻炼，之后把棚膜揭去，进入大田生长阶段。

第三节　嫁接苗繁育

一、砧木的选择与培育

目前，国内外繁殖扁桃苗木大多以实生扁桃作砧木，也有以桃、山桃、李、樱桃等作砧木，其各具有优缺点。选择时要根据各自特点，结合当地自然条件、资源状况、技术及经济条件，灵活掌握，遵循因地制宜原则，科学、合理地选择利用。

（一）扁桃作砧木

实生扁桃嫁接扁桃亲和力好，成活率高，产量高，寿命长，抗性强，苗健壮。但生产成本较高。适用于该类资源丰富和经济基础好的地区发展。

(二)桃作砧木

实生桃嫁接扁桃亲和力好,成活率高,生长快而健壮,适应性强,越冬良好,结果早,树体半矮化。

(三)山桃作砧木

山桃作砧木适应性强,耐旱、耐寒、耐盐碱,亲和力较强,生长快,结果早,但寿命短,不耐涝,在地下水位高的地区易患黄叶病、根癌病和茎腐病。

(四)李作砧木

李作砧木生长情况与寿命长短介于扁桃和桃作砧木之间。根系浅,较耐湿,不耐旱,嫁接后苗木生长缓慢。

(五)杏作砧木

杏作砧木嫁接亲和力较差,愈合不牢固,接口处有“小脚”现象,遇大风时容易从嫁接口处折断,且寿命短,抗寒、抗旱力差。

另外,野生扁桃(如长柄扁桃、蒙古扁桃、矮扁桃、西康扁桃、榆叶扁桃)也是繁殖扁桃苗木很有前途且适应性较强的砧木。因此,在选择砧木时,应根据不同地区的情况,结合不同砧木的特性来确定。

二、接穗的采集和贮运

采集接穗的母株必须具有品种纯正、树势强健、丰产、稳产、优质、抗性强等优良性状,且无检疫对象。接穗应选用树冠外围生长健壮、芽饱满的发育枝。春季枝接或芽接,用发育充实的1年生枝上的饱满芽。接穗最好是随用随采,夏秋季芽接用当年生新梢上的充实芽。生长季接穗采下后,应立即剪除叶片,叶柄留1厘米左右,每50～100根为1捆,每捆上挂标签,并注明品种和采集时间等。若马上嫁接,可用湿布包裹或将接穗竖直放于水桶内,桶内放清水深约5厘米,接穗上部覆盖湿布。若需贮藏,应放在潮湿、冷凉、变温幅度小而通气的地方或窖内，将接穗下部插入湿沙中，上部盖上湿布，定期喷水，保持湿润。秋冬季采下的接穗可放入窖内，一层湿沙一层接穗进行贮藏，也可放入背阴处的沟内。夏季若要长途运输，可用湿蒲包、湿麻袋等包裹，快速运输，途中应注意喷水和通风，以防枝条失水或高温发霉。运回后应立即取出，用凉水冲洗，然后用湿沙覆盖，存放于背阴处或窖内。

三、嫁　接

嫁接方法分为芽接和枝接。1～2 年生苗，当砧木基部直径达 0.6 厘米以上时可进行芽接，芽接主要采用“丁”字形芽接，该方法成活率高，一般都在 95%以上。枝接多在春季进行，以叶芽萌动前后为宜，现将 2 种方法介绍如下。

（一）芽　接

1.“丁”字形芽接　“丁”字形芽接从 5 月下旬至 9 月份接穗和砧木都容易离皮时均可进行，但需避开阴雨天，以免接后流胶，影响成活。方法是先在接穗的饱满芽上方约 5 毫米处横切 1 刀，深达木质部，再于芽的下方 1 厘米处，带木质部斜削至超过芽上方横切口，用拇指侧向轻轻推芽，即可取下完整的芽片。同时，在砧木距地面 5～10 厘米处切成“丁”字形切口，用芽接刀稍将切口两端皮撬开，把刚削好的芽片取下迅速插入，使接芽上端与砧木横切口密接，最后用塑料条从上向下绑紧，外面只露叶柄(图 4-1)。

2. 嵌芽接(带木质部芽接)　嵌芽接不受时间限制，砧、穗不离皮也可以嫁接，其嫁接期长。方法是从接芽下方 1～1.2 厘米处呈 45°角向下斜切入木质部，芽上 1～1.2 厘米处向下斜切 1 刀，至第一刀口，然后将盾形芽取下。根据接芽大小，在砧木距地面 5 厘米处由上向下斜削 1 刀，再横切 1 刀与第一刀相交，将接芽尖朝上贴在砧木的切口上，使接芽和砧木的形成层对齐(两侧或一侧)，然后用塑料条由下向上缠紧系好(图 4-2)。

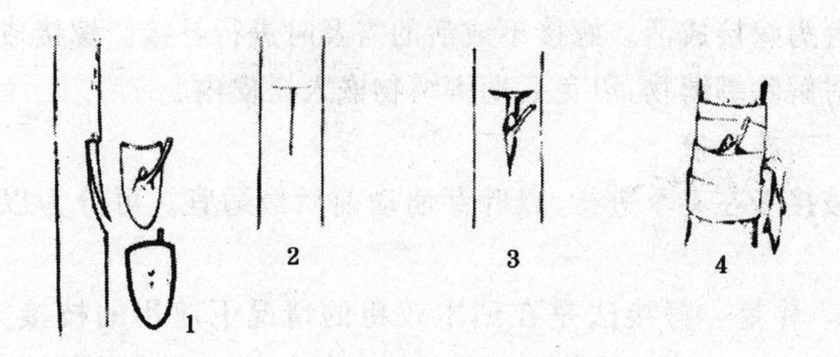

图 4-1　“丁”字形芽接

1. 削芽片　2. 切砧木　3. 装芽片　4. 绑缚

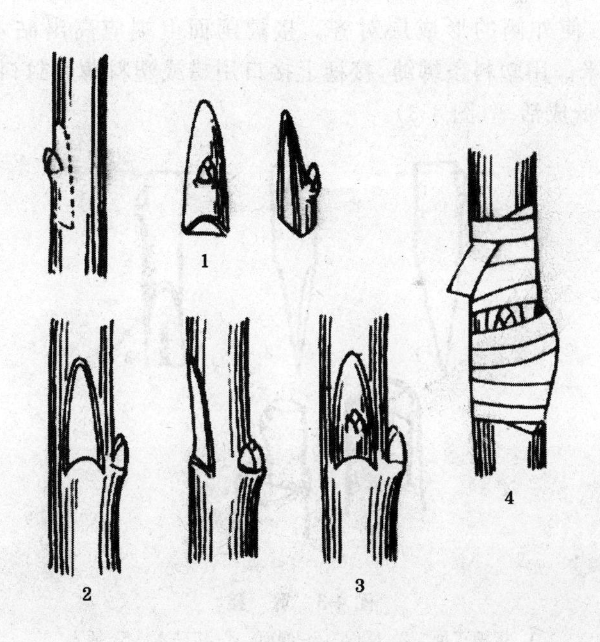

图 4-2　嵌 芽 接

1. 削芽片　2. 切砧木　3. 插芽片　4. 绑缚

芽接后15～20天检查，凡是接芽新鲜、叶柄变黄脱落或一触即落者为嫁接成活。嫁接不成活的需及时进行补接。嫁接成活后要及时解除绑缚物，以免后期绑缚物嵌入树皮内。

(二)枝　接

枝接多在春季进行，以叶芽萌动前后最适宜。可分为以下几种。

1. 劈接　劈接法是在砧木较粗的情况下应用的枝接方法。接穗具2～4个芽，在芽的左右两侧各削长约3厘米的削面，呈楔形，使有顶芽一侧较厚，另一侧较薄。截去砧木上部，削平断面，于断面中心处垂直下劈，深度与接穗削面相同。将削好的接穗插入劈口中，使外侧的形成层对齐。接穗削面上端应高出砧木切口0.1厘米。用塑料条绑缚，接穗上接口用蜡或塑料薄膜封口，以防失水降低成活率(图4-3)。

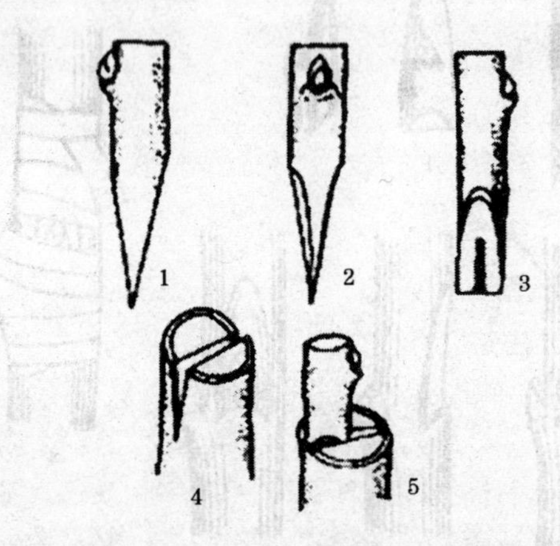

图4-3　劈　接

1. 接穗正面　2. 反面　3. 侧面　4. 切砧木　5. 插入

2. 切接　切接法是应用较广泛的枝接方法。适用于1厘米左右粗的砧木。接穗通常长5～8厘米，下部削成2个斜面，上部具 1～2 个芽为宜。长削面在顶芽的同侧，长 3 厘米左右，另一削面长 1 厘米左右。在任一高度选择粗壮、生长势强的枝条作砧木，剪断并削平断面，于木质部的边缘向下直切，切口长度、宽度与接穗的长面相对应。将接穗插入切口并使形成层对齐，将砧木切口的皮层包于接穗外面，以塑料条绑缚(图 4-4)。

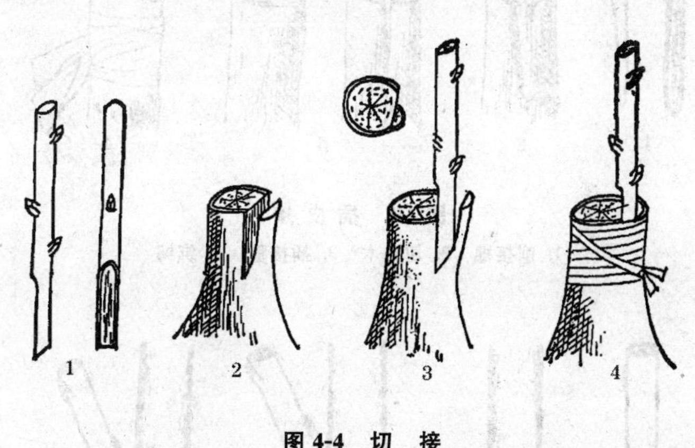

图 4-4　切　接

1. 削接穗　2. 切砧木　3. 插接穗　4. 绑缚

3. 插皮接　从砧木皮层与木质部之间插入接穗，适用于大树高接换头时使用(图 4-5)。

4. 腹接　方法是采用 1 年生枝条作接穗，在砧木上准备嫁接的部位用刀斜切一切口，深达砧木粗度的 1/3，切口长 2～3 厘米。将接穗小段顶芽一侧的茎部斜向削一斜面，斜面长度与砧木切口长度相等，在此斜面的背面再削约 1 厘米长的小斜面，然后用手轻轻推开砧木，将接穗插入，使长削面紧贴砧木木质部，两个形成层对准，最后用塑料条绑紧接口(图 4-6)。

5. 舌接　砧木和接穗粗度相近时，将砧木与接穗削成马耳形斜面，并分别在各自的斜面上切竖切口，嫁接时从切口相互插入，斜面接合(图 4-7)。

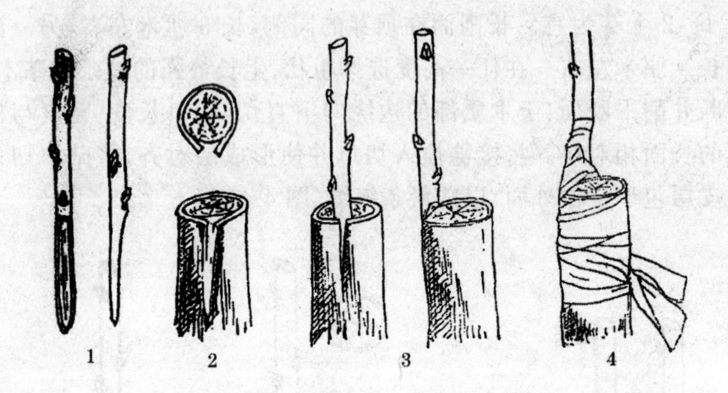

图 4-5　插 皮 接

1. 削接穗　2. 切砧木　3. 插接穗　4. 绑缚

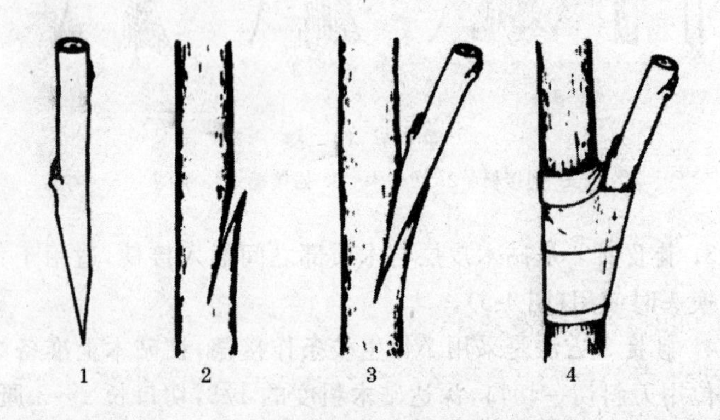

图 4-6　腹　接

1. 削接穗　2. 切砧木　3. 插接穗　4. 绑缚

四、嫁接苗管理

(一)芽接苗剪砧

夏秋季嫁接的苗，翌年春叶芽开始萌动时，将砧木从接芽上方

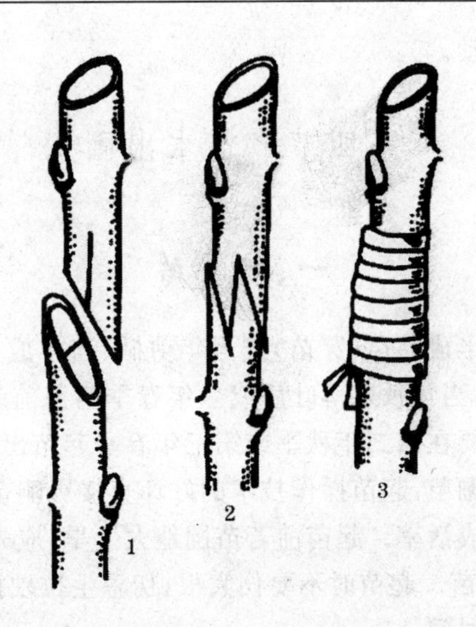

图 4-7　舌　接

1. 削接穗和切砧木　2. 插接穗　3. 绑缚

0.5 厘米左右处剪断，剪口要平滑，并稍微向接芽对面倾斜，不要留得太长。越冬后未成熟的，在春季进行补接。

(二)抹芽、除萌

剪砧后易从砧木基部发出大量萌蘖，应及时地抹芽除萌，以免砧木萌蘖生长过旺而影响接芽的生长。

(三)设支柱

嫁接苗在风大的地区要立支柱，以免风折。嫁接成活的苗木，在剪砧后接芽迅速生长，由于接口在短时间内愈合不牢固，容易被风吹折。因此，在苗木长至 15 厘米左右时，用一小木棍插在旁边，用细绳轻轻绑缚即可。

(四)培土防寒

冬季严寒干旱地区，为防止接芽受冻，在封冻前应培土防寒。培土以超过接芽 6～10 厘米为宜。春季解冻后应及时扒掉，以免影响接芽的萌动。

第四节　苗木出圃

一、起　苗

未剪砧的半成品苗(芽苗)或当年剪砧、当年成苗的1年生速成苗,在嫁接的当年秋末落叶后或翌年春季萌芽前起苗出圃,而2年生成品苗则要在第二年秋季或第三年春季起苗出圃。

起苗又称掘苗,起苗操作技术的好坏直接影响苗木的质量,影响苗木的栽植成活率。起苗前若苗圃地太干旱,应先灌1遍水,过2～3天后再起苗。起苗时不要伤大根,切忌生拉硬拽。

(一)起苗时间

1. 秋季起苗　秋季起苗应在苗木部分停止生长、叶片基本脱落、土壤封冻前进行,此时根系仍在缓慢生长,起苗后及时栽植,有利于根系伤口愈合。

2. 春季起苗　春季起苗一定要在苗木开始萌动前进行,否则会影响苗木的成活率。春季起苗可免去假植工序,还可避免秋末起苗时因突然发生的恶劣气候而使苗木受到伤害。

(二)起苗方法

1. 裸根起苗　在苗木的株行间开沟挖土,露出一定深度的根系后,斜切断过深的主根,起出苗木,并抖落泥土(图4-8)。

2. 带土球起苗　起苗前先将苗木的枝叶捆扎,以缩小体积,以便起苗和运输,珍贵大苗还要将主干用草绳包扎,以免运输中损伤。铲去表面3～5厘米厚的浮土,以减轻土球重量,并利于扎紧土球。然后在规定土球大小的外围用铁锹垂直下挖,切断侧根,达到所需深度后,向内斜削,使土球呈坛子形。起苗时如遇到较粗的侧根,应用修枝剪剪断,或用手锯锯断,防止土球震动而松散。带

图 4-8　裸根起苗

土球苗木应保证土球完好，表面光滑，包装严密，底部不漏土。常用的带土球打包方式有橘子式、井字式和五角式(图 4-9)。

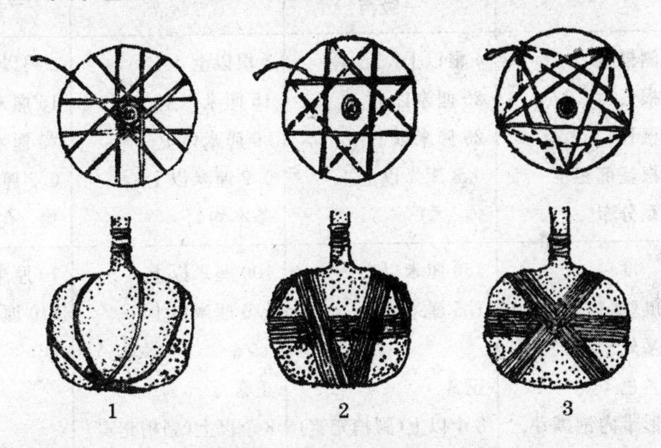

图 4-9　土球打包方式

1. 橘子式　2. 井字式　3. 五角式

苗木出土后应将其置于背阴处，及时覆土埋根，防止根系受强光暴晒。待苗木起完后，将苗运往贮藏地点假植或定植。

二、分　级

起苗后按苗木质量标准进行分级、绑捆。不符合规格的苗木不出圃,移栽别处另行培养。出圃苗木按不同品种、规格等级系上标签,以免在运输或假植过程中混杂。目前,还没有扁桃苗木的国家统一标准,新疆维吾尔自治区喀什地区公布的《巴旦木(扁桃)栽培技术规程》中,将苗木质量以根系和茎干及其他分成3个等级标准,分级标准见表4-1。

表4-1　扁桃成苗(2年生苗)分级标准

项　目		等　级		
		一级苗	二级苗	三级苗
根系	主侧根数	4根以上	3根以上	2根以上
	侧根长	20厘米以上	15厘米以上	15厘米以上
	主根长	25厘米以上	20厘米以上	20厘米以上
	侧根基部粗度	0.3厘米以上	0.2厘米以上	0.2厘米以上
	根系分布	均　匀	基本均匀	均　匀
茎干	高　度	150厘米以上	100厘米以上	10厘米以下
	粗度(接口以上10厘米处干茎)	1.5厘米以上	1.0厘米以上	1.0厘米以下
	颜　色	正常	正常	—
	整形带内饱满芽	8个以上(副梢充实)	8个以上(副梢充实)	—
其他	嫁接愈合程度	嫁接口愈合良好	正　常	不　良
	苗木机械损伤程度	无	—	—
	检疫对象	无	—	—

分级同时需要进行苗木修剪,主要是剪除生长不充实的枝梢、病虫害部分和根系受伤部分,同时为了便于包装和运输,事先对过长、过多的枝梢修剪,但剪口要平滑,剪除部分不宜过多,以免影响

苗木质量和栽植成活率。

三、苗木假植和贮藏

起苗后，不能及时栽植的苗木，必须进行妥善贮藏，以防苗木根系和枝条失水或受冻。苗木贮藏是指在人工控制的环境中进行的苗木存放处理。但因在贮藏过程中，苗木根系也需要用湿润的河沙等基质进行埋植处理，因此也称为苗木假植。贮藏分临时性短期贮藏和越冬长期贮藏。

（一）临时短期贮藏

已分级、扎捆、不能及时运走的苗木或到达目的地不能立即栽植的苗木，需进行临时性短期贮藏。临时贮藏的苗木，可就地开沟，成捆立植于沟中，用湿土埋好根系，或整捆放于阴凉潮湿的地方，喷洒清水，用塑料布包好根系。

（二）越冬长期贮藏

秋季起苗后翌年春定植的苗木，需要长时间假植越冬，即长期假植或长期贮藏。长期贮藏的方法为：在背风向阳、地势高燥、平坦、无积水的地方挖假植沟，南北向开沟，沟深80～100厘米、宽1米左右，长度随苗木数量而定。先在沟底部铺一层10厘米厚的湿沙，沙的湿度为最大持水量的60％～70％（手握成团，手松开一触即散为宜），然后将苗干向南倾斜45°角，成捆整齐地排放在沟内，摆一层苗，放一层湿沙，使苗木根系与湿沙密接，不留空隙，培沙子的高度可达苗干高度的1/3～1/2，最后在假植沟上覆盖草苫，寒冷地区还应适当覆土防冻。假植地四周应开排水沟，为了利于通气，可在假植沟中插一小捆秸秆，大的假植地中间还应适当留有通道。不同品种的苗木，应分区假植，详加标签，以防混杂。苗木假植期间要定期检查，防止沙子干燥、积水、鼠及野兔等危害。

苗木销售单位长期假植时要注意苗木的贮取方便，有条件的单位可以建造苗木贮藏库贮苗。

四、检疫与消毒

为了防止危险性病虫害随着苗木的调运而传播蔓延，将病虫害限制在最小范围内，对输出、输入苗木的检疫工作十分必要。尤其是我国加入世界贸易组织后，国际间或国内地区间种苗交换日益频繁，因而病虫害传播的危险性也越来越大，所以在苗木出圃前，要做好出圃苗木的病虫害检疫工作。苗木外运或进行国际交换时，则需专门检疫机关检验，发给检疫证书，才能承运或寄送。带有检疫对象的苗木，一般不能出圃；病虫害严重的苗木应烧毁，即使属非检疫对象的病虫也应防止传播。

常用的苗木消毒方法如下。

(一)药剂消毒

用3～5波美度石硫合剂或1∶1∶100波尔多液浸苗10～20分钟，然后用清水冲洗干净。也可用0.1%升汞溶液浸苗20分钟，还可用0.1%～0.2%硫酸铜溶液处理根系5分钟后，再用清水洗净，此药主要用于休眠期苗木根系的消毒，不宜做全株消毒。用于苗木消毒的药剂还有甲醛、石灰酸等。

(二)熏蒸消毒

杀灭害虫可用氰酸气熏蒸。熏蒸时一定要严格密封，以防漏气中毒，每100米^{2}容积的贮苗库备水90毫升，缓慢加入45克硫酸，再加30克氰酸钾，熏蒸1小时。在倒入氰酸钾之后，工作人员应立即离开熏蒸室，熏蒸后打开门窗，待毒气散尽后方可人室。氰酸气有剧毒，使用时要注意安全。

五、包装与运输

裸根苗木长途运输或贮藏时，必须将苗根进行妥善保水处理，并将苗木细致包装，在运输过程中不断检查根系状况，其主要目的是尽量减少苗木失水，提高栽植成活率，同时包装整齐的苗木也便于搬运、装卸，避免机械损伤。包装前常用苗木蘸根剂、保水剂或泥浆处理根系，以保持苗木水分平衡。也可通过喷施蒸腾抑制剂处理苗木，以减少水分丧失。

常用的包装材料有聚乙烯袋、聚乙烯编织袋、草包、麻袋等。但是除聚乙烯袋外，这些材料保水性能差，而聚乙烯透气性能差。美国有商品化苗木包装材料销售，它是在牛皮纸内层涂 1 层蜡层，既有良好的保水作用，透气性又较好。苗木保鲜袋是目前较为理想的苗木包装材料，它由 3 层性能各异的薄膜复合而成，外层为高反射层，光反射率达 50%以上。中层为遮光层，能吸收外层透过的光线达 98%。内层为保鲜层，能缓释出抑制病菌生长的物质，防止病害发生。而且这种苗木保鲜袋可重复多次使用。包装时，先将湿润物放在包装材料上，然后将苗木根对根放在上面，并在根间加些苔藓、湿稻草等湿润物，再将一定数量的苗木卷成捆，用绳子等捆扎。

苗木运输时间若不超过 1 天者，可直接用篓、筐或大车散装运输，筐底或车底垫以湿草或苔藓等，苗木放置时要根对根，并与湿润稻草分层堆积，覆盖以草席或毡布即可。如果是超过 1 天的长途运输，必须将苗木妥善包装，有绿叶的树不宜把枝叶全部包住，应露出苗冠，以利于通气。

装卸苗木时要轻拿轻放，以免碰伤树体。车装好后，绑扎时注意避免绳物磨损树皮。大苗运输时树冠要用草绳拢住，土球朝车头倒放，树体与车厢边沿接触部位全部用缓冲物铺垫。过高苗木运输时，要防止树梢拖地，押运人员需携带长竹竿或其他绝缘杆，以利途中及时清除电线等阻挡物。

苗木包装容器外要系固定的标签，注明树种、苗龄、苗木数量、等级、生产苗圃名称、包装日期等资料。运输过程中，要经常检查苗木包的温度和湿度，如果温度太高，要打开包，适当通气；若发现湿度不够时及时喷水。多数苗木根系对干旱和冻害的抵抗力弱，因此冬季长途运输时，应注意做好保湿、保温工作。尽量缩短运输时间，苗木到达目的地后，要立即打开苗包，进行假植。但在运输时间长、苗根失水严重的情况下，应先将根部用水浸若干小时再进行假植或栽植。

第五章 建园技术

在大面积建园之前，对建园地点的选择、规划很重要。由于扁桃树生命周期长，一经定植，一般要生长十几年，甚至几十年。所以，首先应当对其各个生态条件进行认真分析、选择，要了解扁桃与地形、地势及土壤结构的关系，做到合理规划、科学建园。

第一节 园地选择

在选择扁桃园地时，应综合考虑当地的气候条件、土壤条件、灌溉条件、地势、地形等，选择适宜的栽培区域，为以后的科学管理和高效益生产打好基础。

一、适宜栽培区域

扁桃具有一定的抗寒性，但品种间有差异。因此，其适宜栽培区域也有所不同。扁桃适栽区域要求的绝对低温范围在－22.4℃～－26℃以上；要求10℃以上有效积温3 500℃～4 000℃以上。在建园时，应选择当地培育的优良品种作为主栽品种。

新疆扁桃栽培区，耐寒品种可耐－24℃～－26℃低温，优良品种耐－20℃～－22℃低温。喀什地区10℃以上有效积温超过4 000℃，阿克苏地区10℃以上有效积温超过3 800℃，山西中部扁桃栽培区，晋扁系列品种可耐－26℃低温，要求10℃以上有效积温超过3 500℃。

在生长季雨水过多的长江以南地区以及冬季严寒的北方地

区，不宜大面积发展扁桃品种。

二、地形、坡度和坡向的选择

(一)地形的选择

扁桃的适应性很强，一般平地、坡地、丘陵均可建园。平地建园要求地下水位较低；坡地、丘陵地建园要选择阳坡，需要修成梯田。我国华北、西北、东北的大部分地区，主要是山地和丘陵，气候特点是冷凉干旱、海拔高、光照充足、昼夜温差大、土壤干旱、贫瘠。扁桃在这样的立地条件下生长良好，因此成为我国北方广大地区一个重要的经济树种。

但由于在具体的立地条件下，地形的位置和走向影响光照、温度、土壤以及水分状况，且随着时间的变化而变化。早春气温变化剧烈，扁桃易发生冻花和冻果。在山坡地栽植需要及时从园中排出冷空气，特别是在开花期，经常遇到低于0.6℃～2.8℃的低温所带来的冷空气袭击，易产生霜冻使扁桃受害。据观察，在坡地的山顶和山底部温度可相差8.4℃～11.1℃。通常，在果园附近的地势越高，则受冷空气的危害性也越大。故在建园之前，应注意选择不易遭受霜害的地点。

(二)坡度、坡向的影响

在山坡地上种植果树，由于坡地排气良好、温差大、光照条件好、土壤无水分过多或盐渍化表现、气候条件一般比平地好，所以山地果园是发展果树的优势地带。但也会产生一些不利的生态因素而影响扁桃发育。

以土壤条件而论，一般随坡度加大而土层薄、土质也差，尤其是水土流失严重。在坡度过大的陡坡上建立果园，不但果园基本建设投资大，水土保持工程繁杂，而且以后的树体和土壤管理费工，经济效益不高。所以，坡度过大不适宜发展果树。通常以坡度5°～15°，最大为20°坡地栽植果树为宜，以3°～5°的缓坡地最好。

根据树种的特性，可以分别在不同坡度上栽植，对耐旱和根系深的树种，如扁桃可以栽在坡度较大的（20°～30°）山坡上。坡度对土壤含水量影响很大，坡度越大含水量越小，同一坡面上，上坡比下坡处土壤含水量少。据研究，连续晴天的情况，坡度为3°时，表土含水量为75.22%；坡度为5°时，含水量为52.38%。土壤冻结深度表现也有差别，坡度为5°时，冻结深度在20厘米以上，而15°时则为5厘米。在坡度为25°～50°时，由于坡度过陡，土层很薄，养分含量少，不适宜扁桃栽植。

不同坡向由于接受日照条件不同，所以温、光程度以及土壤的温度和水分均表现有差异。在同样的地理条件下，南坡日照充足温暖，早春地温升高也快，日照时间长，而北坡热量较少。据调查，南坡和北坡的气温可相差2.5℃，10厘米深的地温可相差1.4℃～1.9℃；而80厘米深的地温，南坡比北坡温度高4℃～5℃。东坡和西坡得到的太阳辐射相等，但西坡较暖，因为上半天日光照东坡时，大量的热消耗于蒸发。当下午太阳照在西坡时，土壤已干，蒸发大大减少，热量贮存较多。北坡的相对湿度一般大于南坡，这是由于阳坡比阴坡蒸发量大、容易干旱，土壤含水量最大可相差28%。由于生态因素的差别，扁桃的生长物候期表现不同，南坡早于北坡，但由于昼夜温差大，南坡发生霜冻、日灼和干旱的程度比北坡严重。北坡的果树，由于温度低、日照少，枝条成熟不好，越冬力降低。

三、土壤、温度、水分和光照等气象因素的影响

要根据扁桃树种的生态适应性和当地的土壤、温度、水分、光照等自然条件选择适宜的建园地点。扁桃虽然适应性较强，适合多种立地种植，但在选择园地时仍需注意以下几点：一是扁桃具有

休眠期短、开花早的特点，因此应根据当地的小气候，选择在晚霜不易发生的山坡中部和开阔的盆地、平地建园，同时要注意春季主风向。扁桃耐高温，在42℃左右的夏季高温地区也能正常生长。二是扁桃树喜光，宜选择避风、向阳的南坡地、平缓北坡地、开阔谷地及平地建园。三是扁桃虽在降雨量300～350毫米的情况下能够正常生长结果，但若能灌溉，栽培效果则更好。如果灌溉困难，应采取节水、保水措施。扁桃怕涝、不耐水淹，不宜在易积水的地块栽植。在积水地块树体表现黄叶、早期落叶，甚至死亡等症状。建园时应首先避开低洼地，选择土层深厚、排水良好的地块。四是扁桃喜欢通透性好的沙壤土，地下水位不能过高。在土壤黏性过重、排水不良的地块不宜栽植。扁桃对重茬反应较为敏感，在重茬地栽植表现生长衰弱、产量低、病虫害严重、树体寿命短，因而应避免与桃、李、杏等核果类果树重茬。

第二节　园地规划

园地规划设计是否合理，直接影响以后的田间管理工作。园地规划的主要任务是因地制宜地安排园地道路、小区划分、排灌系统、防护林和一系列辅助建筑。应根据建园任务和当地具体条件，本着合理利用土地资源、便于经营的原则，全面考虑，统筹安排，以期达到最大限度地利用有利条件，克服不利因素，提高工作、生产效率，降低成本。

一、划分栽植区

为了便于经营管理，大面积扁桃园应划分为若干大区和小区，小面积果园则只划分小区。大区以林带划分，小区以支路、支渠划分。在一个总体园内，扁桃树栽植面积应占全园总面积的80%～85%，道路用地占5%，防护林地占5%，房屋、水池、堆肥场、农具棚等用地占3%～5%，绿肥用地占3%，猪场、贮藏以及加工用地占3%。

山地小区面积以1.5～2公顷为宜，平地小区面积约6.6公顷。平地果园小区多为长方形，山坡地果园尽可能为梯形。平地果园小区最好为南北向，果树行向与小区长边一致，有利于光照。风害较大的地区，小区长边应与主要风向垂直，这样可以沿小区长边配置防风林。山坡地果园的小区应水平设置，长边与等高线平行，以利于水土保持。

二、道路规划系统

在管理和运输方便的前提下，应结合地形，根据需要设置宽度不同的道路。道路分为主道、支道和作业道。主道应贯穿全园并与外部公路相接，园内与办公区、生活区、贮藏转运场所相连。主道路面宽6～8米，能保证汽车或大型拖拉机对开。支道设在作业区的边界，贯穿于各小区之间，一般与主道垂直，连接主道和作业道，支道路面宽3～4米，便于耕作机具或机动车通行。作业道为临时性道路，设在作业区内，与支道相连，作业道是为了方便小区管理而设置的小路，路面宽1～3米。山地或丘陵地果园应顺山坡修盘山路或“之”字形干路，其上升坡度不能超过7°，转弯半径不能小于10米。

三、建立排灌系统

一般排灌系统设在道路的两侧，应与道路系统、防护林体系等规划结合。原则是既方便作业，又最经济利用园地。

灌溉的方式有沟灌、喷灌、滴灌和渗灌等。不同的灌溉方式在设计要求、工程造价、占用土地、节水功能及灌溉效应等方面差异很大，规划时应根据具体情况而定。沟灌时主要是规划干渠、支渠、灌水沟三级灌溉系统，按0.5%的比例设计各级渠道的高程。山地果园的干渠应沿等高线设在上坡，落差大的地方要设跌水槽，以免冲坏渠体。现代果园多采用滴灌、喷灌和渗灌等节水灌溉技术。特别是滴灌系统，既有节水功效，又能满足扁桃生长发育的需要。滴灌系统组成包括：首部枢纽(水泵、过滤器、混肥装置等)、输水管网(干管、支管、分支管、毛管)和滴头(图5-1)。毛管排布于树行之下，滴头直接安装在毛管上。为了保持田间各滴头的出水量均匀，在毛管上还要安装减压阀与排气阀。

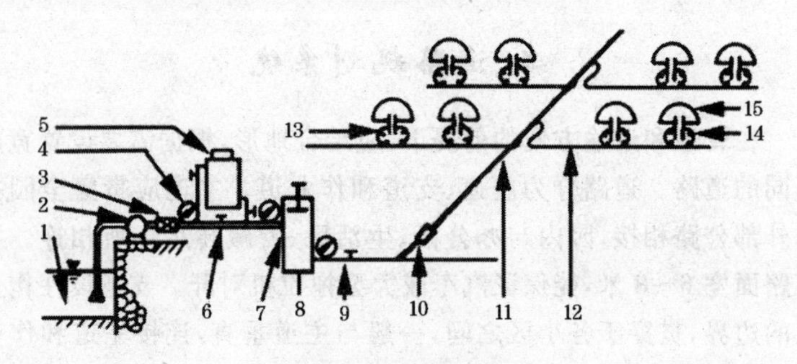

图5-1 滴灌系统示意图

1. 水源 2. 水泵 3. 流量计 4. 压力表 5. 化肥罐 6. 阀门 7. 过滤器 8. 排水管 9. 干管 10. 流量调节阀 11. 支管 12. 毛管 13. 滴头 14. 短引管 15. 果树

为了保证扁桃能正常生长发育，扁桃园的排水系统也是必不可少的。但不同地形地势的排水沟设置方式也不同。平原地区果园的排水渠最好能与灌水渠兼用，如不能兼用，要查明排水去向，单独安排排水系统。平地果园的排水方式主要有明沟排水与暗沟排水2种。明沟排水快，但占地面积大且需要经常修整，它以排除雨季地表径流为主，兼有降低过高地下水位的作用。暗沟排水是在地下埋设瓦管管道或石砾、竹筒、秸秆等其他材料构成排水系统。暗沟排水的优点是不占用或少占用果园土地，不影响耕作，但造价较高。

坡地果园的灌水系统应与等高线一致，最好采用半填半挖式，可以排、灌兼用，也可以单独设计排水系统，一般在果园的上部设0.6～1米宽、深适度的拦水沟，直通自然沟，拦截山上下泄的洪水。山地果园的排水系统包括拦洪沟、排水沟和背沟等。拦洪沟是在果园上方沿等高线设置的一条较深的沟。作用是将上部山坡的洪水拦截，并导入排水沟或蓄水池中，保护扁桃园免遭冲毁。排水沟应设置在集水线上，方向与等高线相交，汇集梯田背沟排出的水而排出园外。在梯田内修筑背沟（也称集水沟），使梯田表面的水流入背沟，再通过背沟导入排水沟。

四、防护林的设置

在扁桃园周围设置防护林，不但可以降低风速，减少风害，调节温湿度，减轻和避免花期冻害，确保扁桃正常生长发育，提高坐果率，而且可以改善园内小气候，兼有防沙、防霜和防冰雹的作用。尤其在我国北方春季多风的地区，大风会妨碍昆虫传粉，吹干柱头，影响授粉受精，频繁的大风降温易引起冻害。因此，通过营造防护林，可以创造良好的生态环境，有利于扁桃生长发育。山地果园和坡地果园设置防风林，还具有保持水土、减少地表径流、防止土壤冲刷等作用。

在选择防护林的树种时注意：一是适应当地环境条件、抗逆性强，尽可能选用乡土树种。二是生长迅速、寿命较长，具有良好的防风效果。三是对果树的副作用要尽可能小。四是防护林本身要有较高的经济价值。乔木树种可选杨、柳、楸、榆、椿、泡桐、黑枣、银杏、山楂、枣、杏、柿和桑等，灌木树种可选紫穗槐、酸枣、杞柳、柽柳、毛樱桃等。

面积较大的扁桃园，应设主林带、副林带和园边界林。主林带与当地主风向垂直，一般由4～6行乔、灌木构成，主林带之间间距为 300～500 米;副林带与主林带垂直,由 2～3 行乔、灌木构成,副林带间距为 100～200 米;边界林一般由外层密栽的小乔木或带刺的灌木修整成篱笆,可阻止行人、牲畜进入园内,内层设 2～3 行乔木组成的防护林带。为了避免坡地冷空气聚集,林带应留缺口,使冷空气能够下流。林带应与道路结合,并尽量利用分水岭和沟边营造。果园背风时,防护林设于分水岭;迎风时,设于果园下部;如果风来自果园两侧,可在自然沟两岸营造。

五、配套设施

配套设施主要有:办公室、生活用房、仓库(包括农药、肥料、工具、机械库等)、贮藏库、包装和堆贮场、机井、蓄水池、药池、饲养场和积肥场地等。配套设施应根据扁桃园规模、生产生活需要、交通和水电供应条件等进行合理规划设计。通常办公室和生活用房建在扁桃园的中心位置,或一旁有主干道与外界公路相连;包装与堆贮场应设在交通方便相对适中的地方;仓库和贮藏库应建在取出或放置物品方便的地方,一般与主道相连;配药池应设在水源方便处;饲养场应远离办公和生活区,山地果园的饲养场宜设在积肥、运肥方便的较高处。

第三节 生产园的建立

一、品种选择

扁桃品种选择是建园及发展成败的关键,品种选用得当,能达到丰产、优质、高效的目的。反之,不但得不到效益,而且会造成巨大的经济损失。目前,扁桃品种繁多,各品种之间的适应性、生产力差异较大,不同区域的生态气候也有差别,因此,必须选择在当地经过一定时间的栽培实践，证明是优良的品种。另外，还要注意建园地的小气候，特别是当地晚霜时间及强度。扁桃开花早，易遭晚霜危害，我国北方大多数地区发展扁桃应选择晚花、高产、优质的品种。另外，市场需求及果实的用途也是要考虑的重要因素。

一个扁桃园，在能够满足主栽品种授粉的前提下，品种不宜过多，一般选用2～3个主栽品种。同样，在一个地区发展的品种也不宜太多，太多不利于商品化生产。一般为3～5个主栽品种，搭配几个良好的授粉品种。

二、授粉树的配置

扁桃的大多数品种自花不实，坐果率低，影响质量和产量。而且有些品种之间授粉不亲和，所以需配置适宜的授粉品种，才能提高坐果率和果实品质。

(一)授粉树具备的条件

与主栽品种花期一致或相近，且花粉量大，发芽率高，与主栽品种能相互授粉，且有较强的亲和力；与主栽品种始果年龄和寿命相近；能丰产，并具有较高的经济价值；能适应当地环境，栽培管理容易。

(二)授粉树配置比例

授粉树的数量可根据授粉品种的经济价值、花量大小、果园地形的复杂程度以及传媒方式来确定。当授粉品种经济价值较高且能与主栽品种相互授粉，则其比例可达到50%；若产量或品质稍差，应尽量压缩授粉品种，但不能少于15%。当授粉品种花粉质量好，授粉结实率高，可适当少栽授粉品种；若授粉效果稍差，应保持在20%以上。

最理想的方式是2个主栽品种的花期完全一致，且亲和力好，可相互授粉。或1个主栽品种，1个授粉品种。但这种方式如果在授粉品种的花受冻害或有其他原因损伤时，授粉就会出现问题。因此，为了保证主栽品种充分授粉，可以选择2个授粉品种。其中，一个在主栽品种开花前开花（主授粉品种），另一个在主栽品种开花后开花（次授粉品种）。

（三）授粉树的配置方式

授粉树的配置方式有中心式、行列式、复合行列式、等高式 4 种。中心式用于授粉树经济价值不高时采用；行列式为果园普遍应用的方式，具体可根据授粉树的价值高低与主栽品种按 2～4∶2～4 的等量式配置，或 1∶3～4 的差量式配置；复合行列式在 2 个品种不能相互授粉，需要配置第二个授粉品种时采用；等高式只在山地果园使用（图 5-2）。

中心式	行列式	复合行列式	等高式
××××××	××○××○	○××△△○	○××××××××××○
×○××○×	××○××○	○××△△○	×○××××××××○×
××××××	××○××○	○××△△○	××○○○○○○○○××
××××××	××○××○	○××△△○	○××××××××××○
×○××○×	××○××○	○××△△○	×○××××××××○×
××××××	××○××○	○××△△○	××○○○○○○○○××

图 5-2　授粉树的配置方式　（×主栽品种；○、△授粉品种）

三、栽植技术

（一）栽植时期

扁桃栽植分春栽和秋栽。要根据当地的气候条件而定。在冬季较温暖、风少、秋季雨量较多、土壤湿润、有灌溉条件、春季干旱的地区，适宜在秋季苗木落叶后至土壤结冻前进行定植。此时定植，苗木贮藏的养分多，伤根愈合快，翌年春季土壤温度回升，根系便能吸收水分和营养，供应地上部生长的需要。因此，苗木成活率高，生长健壮。

在西北、东北高寒地区，冬季寒冷，一般以春季定植为宜。秋季把定植沟、定植穴挖好，利用秋冬季的雨、雪来提高土壤墒情，从而提高苗木的成活率。

(二)栽植密度

扁桃在不同国家和地区栽植密度不同，受土壤条件、气候条件、管理技术措施和水平的影响。我国的新疆大多作为农田防护林带，而集约化栽培的每 667 米^2 栽 33～55 株。

定植密度的大小还应根据土壤状况、立地条件及栽培方式来确定。地势平坦、土层深厚、气候温暖、雨量充沛、无霜期长的区域密度可适当小些；山坡地、土壤肥力差的沙滩地密度可适当大些。有丰富的果树管理经验和一定的经济实力，如要获得早期的产量，可以有计划地加密栽植，采用 2 米×3 米或 2 米×5 米的株行距，结果 3～4 年后，进行适当间伐。

平地长方形或正方形栽植，以南北行向为宜。坡地沿等高线栽植。梯田地应根据梯田宽窄情况确定栽植行数，梯田窄的栽植 1 行，栽植的位置应于梯田外沿的 1/3 处。梯田较宽的可采用三角形栽植，有利于充分利用太阳光能。

成品苗、芽苗、速成苗可用于栽植建园，但不同苗木各有优缺点。利用芽苗建园，可省去 1 年的育苗时间，便于整形，但需保留一些预备苗，用于随时补栽。采用成品苗定植，整形带内应有较多未萌发的叶芽，定干后易发出强旺枝。

(三)栽植方法

1. 打点　定植前根据园区地形，用标杆、测绳拉线，按确定的株行距测定好定植点，并用石灰做标记。然后以点为中心，挖定植穴。整园要拉一线，必要时拉纵横线。山地、丘陵地要等高、垂直放线。随地形坡度的升高，栽植密度应适当减少。

2. 挖定植穴　定植穴以 80 厘米或 100 厘米见方为宜，深度应达 60～80 厘米。挖定植穴时，将表土和下层土分放两侧。回填土时，坑的下部先放置 20～30 厘米厚的秸秆或杂草，再回填混匀的磷肥和表土，磷肥每株用量 1～2 千克，每穴施腐熟有机肥 50～80 千克，与底土拌匀后，填入定植穴中，一边填一边踩，至地面还有 20 厘米时，进行灌水，使土壤沉实。

3. 苗木处理 根据苗木的大小、根系的优劣对苗木进行分级处理，定植时同一级别的苗木定植在一起。这样苗木生长一致，容易管理。经过长途运输的苗木，可喷洒 3～5 波美度石硫合剂消毒。还要对根系进行修剪，剪除病根、烂根、劈裂根，在栽植的前 1 天将根系在水中浸泡 12 小时，让其充分吸水，栽植前将根系在生根剂中浸蘸，有利于新的剪口产生愈伤组织，促发新根，提高成活率。

4. 栽植 把苗木放在坑的中心位置，回填剩余的土，边填土边轻提苗，使根系顺畅，再踏实，使根系与土密接。苗木栽植深度与在苗圃时的深度相同。栽植后及时灌水，水下渗后，覆土保墒。在水源短缺地方，为了节约用水和有效保持水分，栽后将树盘周围修成漏斗形，灌少量水可集中在根系密集区，上覆地膜，可保湿增温、提高栽植成活率。

四、栽后管理

为了提高栽植的成活率，促进幼树生长，加强栽植后的管理十分重要。主要管理措施如下。

(一)检查成活并补栽

定植 10 天后，要及时检查成活率并补栽，若再灌 1 次水则缓苗效果更好。

(二)覆盖地膜

每株树覆盖 1 米^2 或是整个行内覆盖地膜，覆盖地膜不但能保持水分，还可以提高地温，有利于根系的生长，使根系充分吸收地下水分和养分，苗木生长发育健壮。

(三)定　干

春季根据干高要求，一般在60～80厘米饱满芽处将上部剪去，剪口芽上方留1厘米，剪口下需留6～7个饱满芽作为整形带，用于培养主枝。定干可促使整形带内的芽及早萌发，成形快。用芽苗建园的，发芽前要剪砧，解除包扎物，发芽后及时抹去砧木上的萌芽。春季风大的地区，剪口最好涂抹油漆或伤口保护剂，以防枝条失水抽干，影响剪口芽的萌发。

(四)防　寒

在寒冷地区，秋季定植苗越冬前要埋土防寒或束草保温。在上冻前将苗木按倒埋土，或将整个树干用草包起来，待翌年春树苗萌动前，再将土或草扒开扶正苗木。风大的地区，即使春季栽植也要进行防寒，以免受冻或抽条。

(五)生长季节的管理

苗木新梢生长至15厘米左右时，可进行叶面喷肥，一般以尿素为好，使用浓度为0.3%。切记浓度不能高，以防幼嫩叶片被烧伤，每10～15天喷1次。8月份可以喷磷酸二氢钾溶液，浓度为2%～3%，以促进枝条的老化，防止冬季抽条的发生。

预留主枝生长至40厘米时，可以及时进行摘心，促进枝条分枝的增加，加快树冠的形成。枝条摘心后容易萌发许多新梢，对将来不需要的枝条，应尽早地去除，以免影响树体的结构。

(六)防治病虫害

在虫害严重的地区，可于发芽前在整形带处扎1个塑料薄膜筒或报纸筒，开口朝上，可防止金龟子、大灰象甲等上树啃芽，待苗木生长后，芽长出1厘米左右时取下报纸或薄膜筒。新梢展叶后，幼叶娇嫩，易遭受蚜虫、红蜘蛛、潜叶蛾、黄刺蛾等危害，要注意及时防治。

除以上管理外，在整个生长期还要适时追肥和及时进行夏季修剪，从而保证苗木的健壮生长。

第六章　土肥水管理

第一节　土壤管理

一、土壤改良

土壤改良，包括土壤熟化、不同类型土壤的改良以及土壤酸碱度的调节。

（一）土壤熟化

一般果树应有80～120厘米的土层，其中50%根系分布在0～20厘米的表土层，因此在有效土层浅的果园土壤进行深翻改良非常重要。深翻可改善根际土壤的通透性和保水性，从而改善果树根系生长和吸收的环境，促进地上部生长，提高果品产量和品质。在深翻的同时，施入腐熟有机肥，土壤改良效果更为明显。一年四季均可进行深翻，但一般在秋季结合施基肥深翻效果最佳，且深翻施肥后立即灌透水，有助于有机物的分解和果树根系的吸收。果园翻耕的深度应略深于根系分布区，未抽条的果园一般深翻达到80厘米，山地、黏性土壤、土层浅的果园宜深些；沙质土壤、土层厚的宜浅些。

（二）不同类型土壤的改良

扁桃树要求团粒结构良好，土层深厚，水、肥、气、热协调的土壤，一般壤土、沙壤土、黏壤土都适合扁桃树的栽培，但遇到理化性状较差的黏性土和沙性土时就需要进行土壤改良。

1. 盐碱地的改良 我国北方干旱、半干旱地区有大量盐碱地。盐碱地的主要危害是土壤含盐量高和离子毒害。当土壤的含盐量高于土壤含盐量临界值的0.2%，土壤溶液浓度大于扁桃根系细胞液浓度，植物根系很难从土壤中吸收水分和营养物质，易引起生理干旱和营养缺乏症。另外，各类盐类对根系还有腐蚀作用，使扁桃根系萎蔫、枯死。

此外，盐碱地的土壤酸碱度高，一般pH值都在8以上，盐碱地有机质含量低，土壤微生物种类和数量少，使土壤中各种营养物质的有效性降低，即使施入大量肥料也发挥不了长久作用。改良的技术措施如下。

(1)*适时合理地灌溉，洗盐或以水压盐* 盐总量在3%以上的盐碱地栽植扁桃，必须洗盐除碱，使盐碱含量降至2%以下，达到扁桃能耐受的水平。注意洗盐最好抓住春季返盐、返碱的时机进行，洗盐水必须是无盐碱的水，否则会加重盐碱危害。

(2)*多施有机肥，种植绿肥作物* 盐碱地多施有机肥，不仅能改善不良的土壤结构，也能有效降低土壤pH值，提高土壤养分有效性。扁桃园种植耐盐碱性强的绿肥作物，如苜蓿、草木犀、百脉根、田菁、扁蓿豆、黑麦草、燕麦、绿豆等，也可以改善土壤不良结构，提高土壤中营养物质的有效性。

(3)*化学改良，施用土壤改良剂* 盐碱土化学改良土壤胶体吸附性阳离子的组成，改善土壤结构，能防止返碱，同时调节土壤酸碱度，改善土壤营养状况，防止盐碱危害。可施用的化学物质有石膏，磷石膏，含硫、含酸的物质(如硫磺粉、粗硫酸等)，钙质化肥及生理酸性物质。

(4)*合理中耕* 扁桃园行间土壤耕翻是改良盐碱土的有效措施，可改善土壤结构和理化性质，促使土壤形成团粒结构。耕翻可使土壤生物活性增强，加速土壤熟化，使难溶性矿物营养转化为可溶性养分，从而提高土壤肥力。

平地扁桃园可每年耕翻 1 次，深度应根据扁桃根系分布层深度进行，以 15～20 厘米为宜。山地扁桃园修梯田后可隔行耕翻。生产中使用较多的是扩树穴，即在树冠投影外缘挖 1 米左右的环状沟。

2. 黏重土壤的改良 在我国北方部分地区土质极其黏重，容易板结，有机质含量少，且严重酸性化。改良的技术措施如下。

(1)掺沙 又称客土，黏土中掺入大量沙土、炉灰渣等改土效果较好，可在建园前进行一次性客土，以 40～60 厘米深客土层最好，但费工费时，可于栽植扁桃后逐年扩坑客土。

(2)增施有机肥和广种绿肥作物 施有机肥可提高土壤有机质含量，有效克服土壤结构缺陷，提高土壤肥力和调节酸碱度。但尽量避免施用酸性肥料，可用磷肥和石灰等。适用的绿肥作物有肥田萝卜、紫云英、金光菊、豇豆、蚕豆、二月兰、大米草、毛叶苕子、油菜等。

(3)合理耕作 实施免耕或少耕，必须耕翻时，应避免在刚下雨或灌溉后进行，防止土壤结构破坏，也可实施生草法等土壤管理。

3. 沙荒地的改良 在我国黄河故道和西北地区有大面积的沙荒地，这些地域的土壤构成主要为沙粒，有机质极为缺乏，温湿度变化大，无保水、保肥能力。改良的技术措施有：一是设置防风林网，防风固沙。二是发掘灌溉水源，地表种植绿肥作物，加强覆盖。三是培土填淤与增施有机肥结合。四是施用土壤改良剂。

(三)土壤酸碱度的调节

土壤的酸碱度对各种果树的生长发育影响很大，土壤中必需营养元素的可给性，土壤微生物的活动，根部吸水、吸肥的能力以及有害物质对根部的作用等，都与土壤 pH 值有关。扁桃最适宜的土壤 pH 值为 6～7.5。土壤过酸时可加入磷肥、适量石灰，或种植碱性绿肥作物如毛叶苕子、油菜等来调节；土壤偏碱时宜加入适量的硫酸亚铁,或种植酸性绿肥作物如苜蓿、草木犀、百脉根、黑麦草等来调节。

二、土壤管理

(一)土壤深翻

1. 深翻时期　实践证明,扁桃园春、夏、秋季均可深翻,但应根据扁桃园具体情况与要求因地制宜地适时进行,并采用相适应的措施,才会收到良好效果。

秋季深翻为最佳时期,一般在果实采收前后结合秋施基肥进行。此时地上部生长较慢,养分开始积累。深翻后正值扁桃根系秋季生长高峰,伤口容易愈合并可长出新根。再结合灌水,使土粒与根系迅速密接,有利于根系生长。

春季也可深翻,宜在土壤解冻后及早进行,此时地上部处于休眠期,根系活动弱。伤根以后容易愈合再生。

冬季寒冷、空气干燥的地区,为了防止秋季深翻易跑墒、发生枝条抽干现象,也可以在夏季深翻。夏季深翻对当年的生长影响较小,翻后如果遇到雨水土壤沉实快。扁桃根系经过夏、秋 2 季恢复,对翌年生长的影响也较小,但要注意尽量少伤根和及时灌水,否则容易造成落叶。

2. 深翻深度　深翻深度以扁桃树主要根系分布密集层(20～60 厘米)的范围内为好,并考虑土壤结构和土质。如山地土层脉下部为半风化的岩石,或滩地在浅层有砾石层,或土质较黏重等,深翻的深度一般要求达到 80～100 厘米。若土层深厚、疏松的园地则可适当浅些。

3. 深翻方法

(1)*扩穴*　在幼树栽植后的前几年内,从定植穴边缘开始每年或隔年向外扩展,挖宽 50～60 厘米、深 70～80 厘米的环状沟,把其中的沙石、劣土掏出填入好土,同时结合施基肥直至株间的土壤全部翻完为止。这种方法适用于幼树，对于劳动力较少的果园，山地、平地也可采用。

(2)隔行或隔林深翻　先深翻一个行间，留下一个行间下一次再翻。这种方法每次深翻只用半面根系，可避免伤根过多对扁桃树生长不利，而且行间深翻便于机械化操作。

(3)全园深翻　将树盘以外的土壤一次深翻完毕，这种方法一次需劳动力较多，同时伤根过多，不过可以分次完成，便于机械化施工和平整土地。

总之，不论哪种方法，其深度都应根据树龄、地势和土壤性质而定。深翻的过程中要把表土和底土分开放置，填土时最好结合施入有机肥，下层可施入秸秆、杂草及落叶等与底土混合，上层施入腐熟的有机肥，肥与表土混匀后填入。深翻时要注意保护根系，尽量少伤粗度在1厘米以上的大根，并避免根系裸露的时间太长和受冻害。要随翻随将石块等杂物拣出，将粗大的断根断面修剪以利于愈合，覆土后要及时进行灌水，使土壤与根系紧密接触，有利于发新根和满足扁桃对水分的要求。

(二)扁桃园生草

扁桃园生草法，即人工全园种草或行间带状种草。人工生草由于草种经过人工选择，能控制不良杂草对扁桃树体和土壤的有害影响。在一些欧美国家，实施果园生草法的历史较长。实践证明，与多种土地管理方法比较，生草法有如下优点：一是保持水土。二是增加土壤有机质含量，提高土壤肥力。三是使扁桃一些必需营养元素的有效性得以提高，而相关的缺素症得到克服。四是生草扁桃园可形成生物—土壤—大气良性生态环境。

扁桃园生草种类较多，一般选择多年生牧草，有些牧草虽然是1～2年生，但通过当年生脱落的种子也可实现常年生长，故而也可以常年使用。人工生草的草类选择原则主要是：一是草的高度较矮，生长快，有较高的产草量，地面覆盖率高。二是草的根系应以须根为主，最好无粗大的主根，或有主根但分布较浅。三是没有与扁桃共同的病虫害。四是地面覆盖的时间长，而旺盛生长的时间短，避免与扁桃争夺土壤中的营养和水分。五是繁殖简单，管理省工，适合机械作业。六是耐阴、耐践踏。

(三)扁桃园覆盖

1. 秸秆覆盖　秸秆覆盖主要是针对扁桃园土薄、肥力低、水分条件差、土壤裸露面积大而采用的一种土壤管理措施。扁桃园秸秆覆盖就是将适量的作物秸秆等覆盖在果树周围裸露的土壤上，经过风吹日晒雨淋，至扁桃落叶时，秸秆已腐熟过半，在冬季行间深翻时翻入土中，具有增肥、保水、保温和防止水土流失的作用，能改善土壤生态环境，提高树体生长发育，进而提高果实品质和产量。

秸秆覆盖的时间在收获农作物秸秆后，劳动力方便时进行。最好在雨季前进行，既可减轻雨季地表径流，多贮存水，又可加快覆盖秸秆的腐烂分解。我国北方在6月中下旬收获夏季作物后进行秸秆覆盖。切记不要在早春进行覆盖，因为早春覆盖后影响地温回升。秸秆覆盖，覆盖整段材料的厚度以10～15厘米为宜，覆盖粉碎材料的厚度以15～20厘米为好。

秸秆覆盖的方式有带状覆盖、全园覆盖、树盘覆盖。一是带状覆盖，又分为2种：一种是覆盖带在行间，行内实行清耕或免耕；另一种是行内覆盖，行间种植间作物，或清耕或免耕。幼树期间，行间的覆盖可宽些，随树体长大，行间覆盖带渐变窄。二是全园覆盖适用于无灌溉条件或有滴灌、喷灌条件的扁桃园。三是树盘覆盖，只覆盖树冠投影面积或稍大些，适用于山地扁桃园。

2. 沙石覆盖　在石料、沙石资源丰富的地区，要因地制宜利用石块、卵石、粗沙石作为覆盖材料。沙石覆盖可长久维持，而秸秆和薄膜覆盖1次仅维持1～2年。幼树期覆盖面积可小点，树龄长大后可逐渐扩大覆盖面积。覆盖方式有行间覆盖和树盘覆盖。

石块覆盖的厚度以10～20厘米为宜。石块覆盖后，除施肥移动石块外，一般不再移动，对石缝间生长的杂草，可移动石块将杂草压断或压倒。

粗沙覆盖2～4年，沙层较薄或分布不均匀的，应当再补充材料，加厚覆盖层。施肥时将沙石先翻在一起，挖施肥坑，施肥后填土，然后将覆盖的沙石翻回原处。覆盖厚度保持在10～15厘米，小于5厘米时应加厚。

第二节　施肥管理

土壤中矿物质养分是扁桃生长发育不可缺少的营养来源。施肥可以有效地供给植物营养，合理施肥还可以改善土壤的理化性状及促进土壤团粒结构的形成。合理施肥要因地制宜、综合考虑，才能实现施肥的科学化。

一、施肥种类

（一）基　肥

基肥是一年中较长时期供应养分的基本肥料，通常以施迟效性的有机肥料为主，如厩肥、土粪、绿肥、秸秆等，并适量加入过磷酸钙和氮肥以提高肥效。施基肥后可以增加土壤有机质、改良土壤和提高土壤肥力。肥料经过逐渐分解可供扁桃较长期地吸收利用。磷、钾肥的施用时期以9～10月份施用效果为好。因为这时扁桃根系处于第二次生长高峰期，根的吸收能力强，秋施基肥能有充足的时间使肥料腐熟，可供扁桃树在休眠前吸收利用。秋施基肥翻动土壤时会使部分根系切断，相当于根系的修剪，从而促进了根系的生长，增加了树体的营养储备，有利于花芽充实，增强抗寒越冬能力，而且对翌年的开花、坐果也有良好作用，所以秋施基肥比落叶后和春季施效果要好。

(二)追 肥

追肥又叫补肥,即在施基肥的基础上,根据扁桃树各个物候期的需肥特点补给肥料,以满足当年坐果、新梢生长及提高果实产量与品质的需要,并为翌年的丰产打下基础。追肥的时期、次数、种类和施肥量的多少,应根据不同的砧木、树龄、生育状况、栽培管理方式及环境条件而定,一般应着重于在生长前期追肥。幼树、结果少的树在基肥充足的情况下,追肥的数量和次数可适当减少;保肥、保水性差的沙土地追肥次数宜多;秋施基肥施肥量比较多时,可以减少追肥的次数和数量。施肥必须适时,切不可施肥过晚,否则将会造成发芽推迟、生理落果增多、成熟期推迟等不良影响,生产中应注意这一点。

1. 萌芽期 扁桃根系春季开始活动的时间比较早,所以萌芽前的追肥宜早不宜晚,一般在发芽前 1 个月左右即应追肥。追肥以速效性氮肥为主,适当配合磷肥,以补充上一年树体贮藏营养的不足,促使萌芽整齐,提高开花、结果能力。

2. 花前肥 扁桃发芽、开花过程将消耗大量贮藏营养,开花以后又是幼果和新梢迅速生长期,这时需肥量较多,应施追肥。于 3 月中旬至 4 月上旬在春季开花前追施适量速效性肥料,如尿素、硫酸铵、硝酸铵等,以促进开花坐果和新枝生长。

3. 稳果肥 开花后不但幼果迅速膨大,而且新梢迅速生长,可于 5 月份花芽生理分化期和 6 月份花芽形态分化期施入。这一时期是扁桃营养需求的关键时期。稳果肥应占全年施肥量的 15%～20%,除氮肥外,还应特别注意追施磷、钾肥。

4. 壮果肥 于 6 月份至 7 月中旬施用,以施速效性肥料为主,其目的是促进果实迅速膨大、提高果实品质、促进花芽分化、保护叶片,以利于制造和积累营养,为翌年的生长和结果奠定基础,这次追肥主要针对已结果的早实扁桃或晚实扁桃的树体。施肥时期在硬核后进行,此时种仁开始发育,追肥的作用主要是供给种仁发育所需要的养分。

二、施肥方法

扁桃园施肥方法可分为 2 类:一类是土壤施肥,扁桃根系直接从土壤中吸收施入的肥料。另一类是根外追肥,有叶面喷施、枝干注射等多种。

(一)土壤施肥

众所周知,施肥效果与施肥方法有密切关系。土壤施肥应尽可能把肥料施在根系集中分布的 20 厘米土层中,以便根系吸收,减少肥料损失。一般基肥应施在比根系集中分布层稍深、稍远的上层内,以诱导根系向深度和广度范围扩展。追肥,特别是速效性氮肥应追施在比根系集中分布层以下的土层内,以利于肥料下渗吸收。目前生产上常用的土壤施肥方法有以下几种。

1. 全园施肥 适于成年扁桃和密植扁桃园的施肥,即将肥料均匀撒在地上,然后再深翻入土中,深度约 20 厘米,一般结合秋耕或春耕进行。

2. 环状沟施肥 在树冠外围挖一环状沟,沟宽 40～50 厘米、深 50～60 厘米。挖好后将肥料与土按 1∶3 比例混合均匀施入,覆土填干。此法操作简便,用肥经济但施用范围小。适于幼树或挖坑栽植的密植幼树。

3. 条状沟施肥 在树冠外缘处行间或株间挖宽 50～60 厘米、深 40～60 厘米、长度以树冠大小而定的施肥沟,将圈肥等有机肥和表层熟土混合施入沟内,再把心土覆于沟上及树盘内。翌年施肥可换于另外一侧,如此逐年向外扩大,直至遍布全园。

4. 放射沟施肥 从树冠下距树体 1 米左右的地方开始,以树干为中心向外呈放射状挖沟 3～4 条,沟深 20～50 厘米、宽 40～60 厘米,沟长超过树冠外围。沟从内向外由浅渐深以减少伤根,每年挖沟时应变换位置。此方法伤根较少,而且施肥面积较大,适于盛果期的成年扁桃园。缺点是在定干过低的扁桃园工作不方便,而且也易伤大根。

5. 穴贮肥水 在树干四周沿树冠外缘挖穴,使其均匀分布。穴的数量根据树冠大小及土壤条件决定,结果树一般4～6个,直径约30厘米、深50厘米,穴内埋草把,草把粗20厘米左右。长度比穴深短3～5厘米。穴内埋草时,在草把周围土中混入三元复合肥及其他微肥,埋实后整平地面,穴顶留一小坑,将人粪尿或液体肥水注入穴内,覆地膜保墒,边缘用土压实。此法伤根少,适用于秋季降水量小、干旱少雨的扁桃园或肥水不足的扁桃园,此穴可长期利用,在扁桃生长发育需肥水量大的时期,可随时注入肥水,既省工又节约肥水,经济效益高。施肥量应根据树龄、肥料种类、施肥时期和土壤性质来决定。在选择施肥方法的同时还要根据具体情况确定施肥的部位和深度。

施肥应尽量施在根系附近,以利于根系吸收。幼龄扁桃园由于根系分布范围小,宜采用局部施肥。盛果扁桃园根系已布满全园,在施肥量多的情况下可以全园施肥。若施肥量少或有间作物,可采用局部施肥的方法。为了使各部位的根都能得到肥料供应,促使根系的发展,要注意变化施肥的位置,并将不同的土壤施肥方法交替使用。

施肥的深度要从多方面考虑,要根据大量须根的分布深度来确定。扁桃根系的水平分布较远,施肥要浅些,不易移动的磷、钾肥应深施,而容易移动的氮肥应浅施,有机肥应深施,保肥力强的壤土可深施。

(二)根外追肥

扁桃除土壤施肥外,还可将一定量的肥料溶解于水中直接喷到叶上,也可用树干注射法追施,这种施肥方法称为根外追肥,根外追肥又称叶面喷肥。根外追肥的优点是见效快、针对性强、节省肥料,在某些情况下能解决土壤施肥不能解决的问题等;在使叶片迅速地吸收各种养分、保果壮果、调节树势、改善果实品质、矫治缺素症状、提高树体越冬抗寒性等方面具有很大的作用。根外追肥虽有许多优点，但因量少且维持时间不长，一般 20 天后作用就会消失。因此，根外追肥仅作为土壤施肥的补充，大部分的肥料还是要通过根部施肥来供应。

三、施肥量

(一)基肥量

优质丰产的扁桃园，土壤有机质含量一般在 1%以上，有的达到 3%～5%，但大多数扁桃园有机质在 1%以下，需要增加基肥施用量，提高土壤肥力。扁桃的主要使用器官是核仁，其脂肪含量高，应重点施足基肥，1 年生幼树每株施优质有机肥 15～20 千克，初结果树 20～50 千克，成年大树 60～100 千克。有机肥与过磷酸钙或三元复合肥作基肥效果好。

如果考虑到改良土壤、培肥地力、提高土壤微生物活性等，基肥施用不仅要保证数量，还要保证质量。施用优质基肥，如鸡粪、羊粪、绿肥、圈肥、厩肥等较好。土粪肥、大粪干次之。有草炭、泥炭的地区，可就地取材，沤制腐殖酸肥料(简称腐肥)作基肥，效果也很好。

(二)追肥量

为满足扁桃对氮的需求，应结合扁桃生长物候期和土壤肥力状况进行追肥，追肥次数和时期与气候、土质、树龄等有关。一般在扁桃花前、花后、幼果发育期、花芽分化期、果实生长后期追肥。按实际需要追肥，生长前期以氮肥为主，后期以磷、钾肥为主，配合施用，每年株施有机肥 12～20 千克、硫酸铵 0.24 千克、过磷酸钙 0.7 千克、钾肥 0.07 千克，可基本满足肥料需求。幼树追肥次数宜少，随树龄增长和结果增多，追肥次数要逐渐增多，调节生长和结果对营养竞争的矛盾。生产上成龄扁桃园一般每年追肥

2～4次。

（三）有机肥与化肥的配合施用

有机肥既能提高土壤肥力，又能供应扁桃所需的营养元素，因此，对提高扁桃产量和品质有明显作用。试验证明，有机肥与化肥配合施用比单施化肥（在有效成分相同时）平均增产34.6%，大小年结果的产量差幅也显著降低。有机肥的配用比例，应根据各地情况，按有效成分计算，一般都达到总肥量的1/3或30%以上。因此，应扩大肥源，增施有机肥，建立以有机肥为主、有机肥与化肥相配合的施肥模式。

第三节　水分管理

果树各器官的水分含量是树体的重要组成部分。扁桃幼果中含水约88%，碳水化合物、脂肪、蛋白质等物质约占12%。在果实的生长中，因降雨或灌水满足果树对水分的需求，既有利于果树根系对肥料的吸收，满足果树水分的蒸腾，从而促进生长、花芽的分化及果实的膨大，提高产量和品质，又能防止因缺水而引起的对树体和果实生长的不良影响。

果树是通过叶片的蒸腾，吸收地下的矿物质，矿物质再经过叶片的同化作用，满足果树生长发育的需要。如果土壤中水分缺乏，果树根系从土壤中得不到所需求的水分，叶片就会从果实中夺走水分，满足蒸腾的需要。也就是说水分不足时，果实首先受到影响，轻则生长缓慢，重则停止生长，甚至萎蔫，而叶片在一定时期内仍保持正常状态。这是由于果树在干旱时，树体具有抵抗外界不良环境影响、自身调节水分的特性。

一、灌　水

(一)灌溉时期

果园灌水的适宜时期和次数,不能硬性规定,要根据品种、当年降雨量和土壤种类而定。晚熟品种比早熟品种需水量大;干旱地区和降雨少的年份灌水量大,次数多;沙地果园或清耕果园要比保水、保墒好及采取保墒措施的果园灌溉多。

根据果树生长周期而言,可划分为5个时期,分别为封冻前、花前、花后、果实膨大和采后等时期。封冻前灌水,在果园耕作层冻结之前进行,有利于果树安全越冬和减轻风害。花前灌水,可在果树萌芽后进行,有利于果树开花,新梢、叶片生长及坐果。花后灌水,在花后至生理落果前进行,以满足新梢生长对水分的需求,并可以缓解因新梢旺长而争夺果实的水分,从而提高坐果率。果实膨大期灌水,有利于加速果实膨大,以增加单果重和产量,并有利于花芽分化。采后灌水,有利于根系吸收养分,补充树体营养的亏虚和养分的积累。

(二)扁桃对土壤水分的适应和要求

扁桃与土壤水分的生态关系,即果树对土壤干旱或湿涝的适应性,决定于树种的需水量和根系的吸水能力,同时也与土壤的质地、结构有关。不同质地的土壤,田间最大持水量和容重不同,故其持水量也各异。果树需水量以土壤原有湿度情况、根系分布深度和田间持水量等作为依据,然后得知,在何种土壤条件下、土壤水分的多少状态时,需水与否,并确定其需水量。

果树对土壤水分的适应依据根系和砧木而不同,通常实生扁桃的根系深,表现耐干旱;而用桃砧的树体根系分布较浅,需水量则要大些。

判断果树生育正常的水分状况与冠(根)比有关。树冠大、叶面积大,蒸腾量也大,则需水多。一切有利于地上部生长而不利于根系发育的因素,如早春地温低或多次灌水降低地温等,均造成冠根比增大。

(三)灌溉方法

我国目前果园里所采用的灌溉方式主要是地面灌溉,就是将水引入果园地表,借助于重力作用湿润土壤的一种方式。地表灌溉通常在果树行间做埂,形成小区,水在地表漫流。从果树行间的一端流向另一端,故两端灌水量分布不均,在每一小区灌溉结束时,入水一端的灌水量往往过多,易造成水的深层渗漏,水的浪费问题严重。

1. 地表灌溉 漫灌条件下,水的浪费主要取决于小区的长度和灌溉水面的宽度。灌溉小区越长,小区两端的土壤受水量的差异就越大;水的深层渗漏量越大,水的浪费就越严重。小区的灌溉面宽,一方面土壤表面的蒸发量大;另一方面在灌溉后的一段时间里,树体处于高消费阶段的时间越长,从而水的浪费量也越大。因此,通过缩短灌溉小区的长度可以减少水的深层渗漏的损失。此外,只要一部分树体根系(树体总根系量的1/10～1/5)处于良好的水分条件下,就可以保证果树的正常生长发育和结果。减小灌溉小区的宽度,也是在采用漫灌时节水的主要途径。

目前,普遍采用的软管灌溉技术是在漫灌时减少水的深层渗漏的良好技术。在每一个树盘下做1个小畦,使用软管将水引到小畦内。或按树冠的大小挖3～4个30～40厘米的穴,穴深40～50厘米,穴内添杂草,使用软管将水灌入穴内。软管灌溉通常使用浅井地下水灌溉。由于浅井出水量小,但水位浅,软管可直接接在抽水机的出水口上,软管的输水距离可远至200～300米。

细流沟灌也是地面灌溉中较为节水的灌溉方式之一。在果树行间树冠下开1～2条深20～25厘米的沟,沟与水渠相连,将水引入沟内进行灌溉。开沟使用机械或畜力,灌后及时覆土保墒。沟灌时,沟底和沟两侧的土壤依靠重力渗透湿润土壤,并且还可以经过毛细管的作用湿润远离沟的土壤。细流沟灌时水流缓慢,水流时间相对较长,土壤的结构较少受到破坏,且地表的蒸发损失水分也较少。

2. 喷灌 喷灌又称人工降雨,它是模拟自然降雨状态,利用机械和动力设备将水射到空中,形成细小水滴来灌溉果园的技术。喷灌对土壤结构破坏性较小,与漫灌相比,能避免地面径流和水分的深层渗漏,节约用水。采用喷灌技术后,能适应地形复杂的地面,水在果园内分布均匀,并防止因漫灌,尤其是全园漫灌造成的病害传播,并且容易实行灌溉自动化。

喷灌通常可分为树冠上和树冠下 2 种方式。树冠上灌溉,喷头设在树冠之上,喷头的射程较远,一般采用中射程或远射程喷头,并采用固定式的灌溉系统,包括竖管在内的所有灌溉设施,在建园时一次建设好。树冠下灌溉,一般采用半固定式的灌溉系统,喷头设在树冠之下,喷头的射程相对较近,常使用近射程喷头,水泵、动力和干管是固定的,但支管、竖管和喷头可以移动。树冠下灌溉也可采用移动式的灌溉系统,除水源外,水泵、动力和管道均是可移动的。

3. 定位灌溉 定位灌溉是指只对一部分土壤进行定位灌溉的技术。一般来说,定位灌溉包括滴灌和微量喷灌(简称微喷)2 类技术。滴灌是通过管道系统把水输送到每一棵果树树冠下,由 1 至几个滴头(取决于果树栽植密度及树体的大小)将水一滴一滴地均匀且缓慢地滴入土中(一般每个滴头的灌溉量每小时 2～8 升)。而微量喷灌灌溉原理与喷灌类似,但喷头小,设置在树冠之下,雾化程度高,喷洒的距离小(一般直径在 1 米左右),每一喷头的出水量很少(通常为每小时 30～60 升)。定位灌溉只对部分土壤进行灌溉,较普通的喷灌有节约用水的作用,能维持一定体积的土壤在较高的湿度水平上,有利于根系对水分的吸收。此外,具有需要的水压低和进行加肥灌溉容易等优点。

定位灌溉由于每一个滴头的出水量小，滴头或喷头的密度大，所以只能将灌溉设备一次安装好。

4. 地下灌溉（渗灌） 地下灌溉是利用埋设在地下的透水管道，将灌溉水输送到地下果树的根系分布层，借助毛细管作用湿润土壤，达到灌溉目的的一种灌溉方式。由于地下灌溉将灌溉水直接送到土壤里，不存在或很少有地表径流和地表蒸发等造成的水分损失，是节水能力很强的一种灌溉方式。

地下灌溉系统的设计由水源、输水管道和渗水管道3部分组成。水源和输水管道与地面灌溉系统相同，渗水管道相当于定位灌溉系统中的毛支管，区别仅在于前者在地表，而后者在地下。现代化地下灌溉的渗水管道常使用钻有小孔的塑料管，在通常情况下也可以使用黏土烧管、瓦管、瓦片、竹管或卵砾石代替。

地下渗水管道的铺设深度一般为40～60厘米，主要考虑2个因素：一是地下渗水管道的抗压能力。也就是说，地上的机械作业不会损坏管道。二是减少渗透。果树主要的根系通常分布在深20～80厘米的土层内，管道埋得较深，可以避免损坏，但会加大灌溉水向深层土壤的渗透损失。

二、排　水

扁桃的根系不耐涝，盐碱地或地势低洼果园，地下水位高，排水不良，往往抑制其根系的生长发育。因此，果园应设排水系统，它是保障扁桃树体正常生长与结果的有力措施。

排水沟有明沟和暗沟2种。明沟由总排水沟、干沟和支沟组成，支沟宽约50厘米，沟深至根层下约20厘米，干沟较支沟深约20厘米，总排水沟又较干沟深20厘米，沟底保持1‰的比降。明沟排水的优点是投资少，但占地多，易倒塌淤塞和滋生杂草，排水不畅，养护维修困难。暗沟排水是在果园地下安设管道，将土壤中多余的水分由管道中排出。暗沟的系统与明沟相似，沟深与明沟相同或略深一些。暗沟可用砖、塑料管或瓦管做成。用砖做时，在沿树行挖成的沟底侧放 2 排砖，2 排砖之间相距 13～15 厘米，同排砖之间相距 1～2 厘米，在这 2 排砖上平放一层砖，砖与砖之间紧砌，形成高约 12 厘米、宽 15～18 厘米的管道，上面用土回填好。暗管排水的优点是不占地，不影响机耕，排水效果好，可以排灌两用，养护负担轻；缺点是成本高，投资大，管道易被沉淀泥沙堵塞。

第七章 花果管理

第一节 保花保果技术

加强果园综合管理，提高树体贮藏营养水平，促进花器正常发育、坐果，是花果管理的基础。我国扁桃产区，因为立地条件复杂，气候变化剧烈，气候、土壤、生物等各种环境因素对扁桃的生长发育都有不同的影响，导致落花落果严重，坐果率较低。所以，控制并降低扁桃落花落果是增产、增效的主要途径。

一、落花落果的原因

(一)树体营养不良

贮藏营养水平的高低直接影响扁桃的花芽分化，由于营养不足，花器的发育受到影响，使不完全花的比率升高。据调查，土壤经常深翻、施肥的扁桃园完全花比例占81%以上，而在土壤贫瘠、管理差的扁桃园不完全花比例高达43%以上。如果树体营养生长过旺，养分消耗过多，也易引起落花落果。

(二)花芽质量差

坐果率的高低，很大程度上取决于花芽的质量。由于树体营养不良，影响花芽的分化，外观上看是花芽，但由于个体较小，内含物不充实，质量差，发育不良，花器官败育或生命力低下，不具备授粉受精的能力。

(三)花期营养不良

花期如果土壤营养和水分不足,根系发育不良,不能提供开花坐果所需的养分和水分,养分供应不平衡,均会引起落花落果。

(四)花期不良气候

开花期出现大风,特别是干热风,花器官的柱头会很快变干、变褐,失去接受花粉的能力。扁桃花是虫媒花和风媒花,在花期如遇阴雨天气和气温较低,则花药不易裂开,花粉不能发芽。遇晚霜危害、花器官受冻等,这些都是直接导致落花的原因。

(五)种间亲和性差异

在扁桃栽培品种中,品种间的亲和性差异很大。亲和力的强弱直接影响到授粉受精和坐果。因此,生产中合理确定授粉树的比例和种类,直接影响扁桃坐果率的高低。

二、保花保果技术

(一)加强树体管理,提高树体营养水平

据研究,扁桃的花器结构因雌蕊的发育程度不同而有差异,不同部位、不同果枝类型的花芽分化质量也有差异。内膛枝、长果枝和树冠中上部的果枝,其花芽的质量明显低于中下部外围中短果枝的花芽质量。需加强果园综合管理,提高树体贮藏营养水平,促进花器发育,提高完全花的比例。

(二)人工辅助授粉

扁桃大多数品种需要异花授粉,即使有一定自花授粉能力的品种也是异花授粉坐果率高。生产实践证明,花期人工辅助授粉,可有效地克服因授粉不良而引起的落花落果,明显地提高坐果率。

1. 花粉采集 在发育充实的果枝上采花,以增加花粉数量和稔性花粉率。花多的树可多采,花少的树少采或不采;树冠外围要多采,内膛少采。在花朵含苞待放或初花期,采下花朵或花蕾,并剥下花粉粒,将剥下的花粉粒薄薄地摊在纸上,除去花瓣、花丝及

花梗等杂物，放在温室下自然干燥，或放在温箱中，温度控制在28℃，经过2天后，花药即可干燥、自然裂开，散出花粉。然后过筛，筛去花粉壳，收取纯净的花粉。在阴干的过程中要随时翻动，使其受温均匀，避免温度过高或者阳光暴晒。

2. 授粉时间　蕾期授粉在开花前3天进行，花期授粉应在盛花期进行。以花朵开放当天授粉的坐果率最高，开放4天授粉的，由于开放的花柱头干萎，坐不住果。因此，一定要抓紧在花朵刚开放，花瓣水灵、柱头新鲜时授粉。尤以开放当天上午6～12时授粉为好。

3. 授粉方法　人工授粉的方法分蕾期授粉和花期授粉2种。蕾期授粉是用花蕾授粉器进行花蕾授粉，即将授粉器先端喷嘴插入花瓣缝中喷入少量花粉。花期授粉有以下几种方法。

(1)树上抖花粉　将花粉与淀粉以1∶4的比例混合，装入用纱布缝制的布袋内，用长竹竿挑着举到树体开花多的上方，再用另一根竹竿敲打布袋，使花粉散落在花的柱头上授粉。此法适用于树体大且稀植的扁桃。

(2)鸡毛掸子滚动法　将花粉与填充物以1∶2的比例混合均匀。把预先准备好的鸡毛掸子套上纱布，再将花粉混合物装入纱布袋内。用装好花粉的鸡毛掸子在开花的枝间滚动，使花粉透过纱布散落在花柱上完成授粉。此法适用于树体较小的密植园。

(3)摇花枝　将预先采集的花枝，放置在暖房内促其开花。花开后，将花枝成束地捆在竹竿上，伸到树冠上方，轻轻地抖动竹竿，使花粉撒落在花朵上，因花期较长需连续进行几次。此法适用于授粉树较少或授粉树当年开花较少的果园。

(4)人工点授法　将采集好的纯花粉，填充2～3倍的滑石粉、淀粉混匀，分装在洗净、干燥的玻璃小瓶中(医用青霉素、链霉素小瓶即可)。用毛笔或棉花绑在小木棍上，制作成授粉器。授粉时，用自制的授粉器蘸取少许花粉，点授到刚刚开放花的柱头上。花量大的树，花序间可间隔点授，不必逐花逐序进行。花量少的树，争取每朵花都要授粉。此法适于幼龄树花量较少时使用。

(5)机械喷粉　将采集好的花粉与滑石粉或淀粉，按 1∶50 的比例配合混匀，在全园进入盛花期时，用喷粉器进行喷粉授粉。此法可以机械化操作，适用于大面积生产。

(6)液体授粉　将采集到的纯花粉加入到配制好的糖尿液体中。糖尿花粉液的配方为：水 12.5 升、白糖 25 克、尿素 25 克、花粉 25 克、硼酸 25 克。先将糖溶解于少量水中，制成糖溶液，同时加入尿素，制成糖尿液，将干花粉加入少许水中，搅拌均匀，用纱布过滤后倒入已配好的糖尿液中，再按比例加足水即可。为了增加花粉的活力，提高花粉萌发率，可在喷洒前加入硼酸 25 克。配置好的糖尿花粉液要当天用完，不可过夜，最好是边配边用。一般在盛花期进行喷布，喷洒均匀细致，用量以每 667 米^2 喷 20～25 升为宜。此法不仅能达到授粉的目的，还可以补充氮肥、硼肥和糖类等营养物质，是一举多得的好方法。

(三)防霜冻

夜晚由于地面辐射冷却、温度下降，如果空气中的水汽达到饱和，露点温度在 0℃以下时就会形成霜。一般在树体的表面形成白色的冰晶，严重时会给果树造成一定的危害。为了避免晚霜的危害，建园时虽在产地、品种选择、营造防护林等方面进行了充分考虑，但晚霜的发生迟早、强度因年份而有所不同，有些年份迟几天，有些年份早几天。如果未及时预防就会造成损失。因此，要注意天气预报，在晚霜来临前采取措施。一般应用下列措施预防。

1. 躲避霜害　在建园时，选择抗寒性强的品种和砧木。在园地选择时，避开经常发生霜害的地段，使冷空气不在园内停留。

2. 延迟开花期　用人工方法使开花期推迟，能减轻受害程度。具体措施有树干涂白，保持树体处于平稳的低温状态；喷植物生长调节剂，花芽膨大期喷 500～2 000 毫克/千克青鲜素，可推迟花期 4～5 天；喷 100～200 毫克/千克乙烯利，可使芽内花原基发育推迟，从而推迟花期；花前喷 200 倍液的高脂膜，可推迟花期约 1 周。

3. 改变果园小气候　设置防风林，对果树进行覆盖，用鼓风机使上下空气混合，免于气温急降。熏烟给果园加温。利用喷水使果树表面结冰，使果树的体温维持在－10℃～0℃，防止温度继续下降。

(1)熏烟法　在最低温度不低于－2℃的情况下，可在扁桃园内熏烟。熏烟可减少土壤热量的散失辐射。同时，烟料可吸收湿气，形成液体而放出热量，提高气温。此法适用于小扁桃园。近年来，北方一些地区使用配制的防霜烟雾剂，效果很好。晚霜来临时，根据风向放置药剂，在降霜前点燃，可提高温度 1℃～1.5℃，烟幕可维持 1 小时左右。

(2)树体灌水和人工喷水　根据天气预报及时给树根灌水，或利用人工喷雾设备给树体喷水。通过喷水和灌水，可提高扁桃园的空气湿度，延缓园内降温速度，可推迟开花期 2～3 天。从而防止晚霜的危害。

(3)用鼓风机防霜　国外应用较多，效果良好。

(四)花期喷水、喷硼和喷氮

在春天较旱并有大风伴随的天气，花柱头易被风吹干，花粉不易粘黏，从而失去授粉受精能力，坐果率降低。盛花期喷水效果较好，喷水增大了空气湿度，改善了授粉受精条件，增加了花粉和柱头的接触机会。花期喷硼和喷氮，可补充树体营养，促进开花整齐，提高坐果率。在盛花期的树上，喷硼后，经测定花粉萌发率大于 85%，以盛花期喷硼对柱头伸长最好，可明显地阻止花粉管的破裂，有利于授粉受精。但土壤施硼对花粉没有影响。

(五)幼果期喷肥

幼果期根外追肥，喷施利果美 500～600 倍液、0.35%～0.5%

尿素溶液或0.3%磷酸二氢钾溶液,可补充树体营养,减少枝条和幼果间的养分竞争,有效地减少落果。

(六)强旺枝环剥

对强旺枝于花后15天左右,在枝的基部环割或环剥,环割或环剥要注意伤口的保护,防止流胶的发生。环割或环剥深度达到木质部即可,宽度为干粗的1/10。

(七)植物生长调节剂

扁桃坐果后,在5月下旬,正值新梢旺盛生长期,叶面喷施PBO 300～500倍液,可显著地抑制新梢生长,促进花芽分化,提高翌年坐果率。

(八)采后追肥

果实采收后立即追施速效性复合肥或果树专用肥,9月中下旬施入基肥,每株50～100千克,加入磷酸钙肥1～2千克,这样可有效地增强树势,提高花芽质量和数量,增加树体营养。

(九)加强病虫害防治

加强病虫害防治,合理使用农药,保护好果实和叶片,增加树体营养物质的积累,有利于花芽的形成,提高单位面积的产量。

(十)夏季修剪为主,冬季修剪为辅

减少树冠郁闭,改善光照条件。对于花芽量大的树,剪除过弱、过密花枝,留下的花枝要进行疏蕾、疏花,使养分集中,提高坐果率。

第二节　疏花疏果技术

种植扁桃的目的是为了获得好的产量和经济效益,要获得好的产量和优良的果实品质,就必须进行疏花疏果。这是因为开花过量,会消耗大量贮藏的营养,加剧幼果和新梢之间营养的竞争,导致大量落果。及时疏除扁桃过多的花量,是保持树势、争取稳产、优质、高产的一项技术措施。如果实过多，树体的赤霉素水平增高，从而抑制当年花芽的形成，容易造成大小年结果现象。果多叶少，贮藏营养消耗多，新梢生长受阻，进而叶片也减少，光合产物供不应求，不利于果实的生长，而且会削弱树势，降低果树抵抗不良环境的能力。因此，及时且适宜地疏花疏果，可以提高优质果比例和保持树势。

一、疏花疏果的目的

由于管理技术水平不同，不同品种的成花性能不同，所以坐果能力差异很大。目前，尚无统一的定量留果标准。只能根据果园的历年生产状况，来确定单株的留果量，能保证 90%以上的果实达到其固有的大小、重量和风味。采收时，不符合商品标准的小果率不超过 5%。同时，还能形成翌年所必需的花芽量，又不至于削弱树势作为疏除花果量的参考。

二、疏花疏果的时期

疏花是在开花前或整个开花期进行。

疏果的时间与扁桃品种当年花期气候好坏有关。坐果率高的品种要早疏，坐果不好的品种可以适当晚疏。对于树龄来说，成年树要早疏，幼年树可以适当晚疏。对于有大小年结果现象的扁桃园，大年早疏，小年晚疏。疏果分 2 次进行，第一次疏果一般在落花后 2 周左右，对易受冻害、缺少花粉和处在易受晚霜、风沙、阴雨等不良气候影响的扁桃树，不进行疏花。第二次疏果是在生理落果后，能辨出大小果时方可进行。

三、疏花疏果的方法

(一)人工疏除

人工疏除具有针对性、可选择性。在了解成花规律和结果习性的基础上,为了节约贮藏营养,应尽可能早进行,疏果不如疏花,疏花不如疏花芽。就是在小年的冬季,花芽形成过量时,着重疏除弱花枝、过密花枝,回缩过长的结果枝组,对中长果枝剪去花芽。在萌动后、开花前,再根据花量进行复剪,保留花量超过所需花量的20%左右,以防不良气候影响授粉受精。调整花枝和叶枝的比例,在一棵树上应有1/3花枝、1/3预备枝、1/3新生枝为宜。也可以将花枝上间隔2花芽疏去2花芽。

疏果一般先疏除开花晚、畸形果和发育较小的果,然后再根据树龄、枝势和结果枝强弱或长短的负载能力进行定果,一般长果枝上留果2～4个,中果枝上留果1～3个,弱果枝和花束状果枝不留果;也可根据果间距进行留果,果间距为15～20厘米,依果实大小而定。

(二)化学疏花

化学疏花可提高生产效率。我国仅在苹果、梨、桃上少量应用,在扁桃上尚未见报道。如在扁桃上应用,须先做小面积的试验,获得成功经验后才能应用。

第八章　整形修剪技术

第一节　整形技术

一、整形的依据

(一)品种特性

不同品种的扁桃树,其生长和结果习性不同,其萌芽力、成枝力、枝条角度等差异也较大,这是整形修剪的主要依据之一。如对萌芽力低、角度分枝小的品种,应采取夏季多次摘心的方法,以促发新枝、扩大角度;对直立性强的树应适当进行拉枝,加快树体成形。

(二)树　龄

不同树龄其长势、生长与结果的矛盾不同,对修剪反应敏感程度也不同。幼树至初果期,树势较旺,枝条多而直立,生长量大,结果少。初果期以后,树势渐缓,枝条多斜生,开始形成大量花芽,进入结果盛期。随着树龄增大和结果量的增加,树势逐渐衰弱而进入衰老期。因此,幼树和初果期,要着重整形,加速扩大树冠,促进提早结果,修剪程度要轻。在大量结果后,修剪任务是维持树势健壮生长,延长盛果期年限,修剪程度应适当加重,并精细修剪。衰老期要注意更新复壮,延长结果年限。

(三)枝条类型

树体上的各类枝条,由于所处的位置不同,所起的作用也有所差异，在修剪时应根据用途区别对待。一是调节器官的数量和种类。即调节营养器官的枝叶量和生殖器官的花果量。为促进生长，应多留枝，尤其多留中长枝，促进整体生长，也可疏掉部分光合作用效能低的短弱枝、弱果枝或花芽，以控制营养的消耗，促进生长。为削弱生长，可缓放营养枝，多留枝、多留花芽和结果枝。二是利用器官所处部位的不同，改变枝的优势。在果树上表现最明显的是顶端优势和垂直优势。修剪时，如要加强生长，可提高枝梢部位，保持枝梢直立、顺直。在阶段性低的部位更新时，应以壮枝、壮芽带头，多留枝叶等。若减弱生长，也可改变和转移优势部位，如用短截、弯枝等方法降低枝梢部位，要以生长弱的枝、瘪芽带头，少留枝叶等。三是利用枝条芽的异质性，改变枝芽质量。调整枝梢生长势，为了促进生长，剪口下应留壮芽，则生长强而分枝少。为了削弱生长势，则可弱芽带头，生长弱而分枝多。修剪骨干枝时，在未完成树形时，剪口要选用壮芽，使延长枝生长健壮。夏季摘心促发新枝，也就是利用的这一特性。

（四）气候条件

气候条件影响扁桃的生长势和生育期，因而必须根据气候条件修剪。如南方春季多阴雨，短截过多，易徒长，所以对果枝要多疏枝轻短截；而北方春季多干旱，光照充足，其果枝修剪多用短截。

（五）土壤条件

如在土壤瘠薄的山地和丘陵地上建园，因自然条件较差，树的生长势弱，应采用小型树冠，修剪程度应重些。立地条件好、土壤肥沃的地块建园，树体生长较旺盛，发枝量多、树冠大，修剪量宜轻；否则，就会影响树体的通风透光条件，造成树体的郁闭。

（六）栽植方式和栽植密度

栽植方式和密度不同，整形修剪措施也应有相应的变化。密植扁桃园树形宜采用两主枝开心形，应定干稍低、冠径稍小、留枝多、早控冠、防郁闭，修剪以疏剪为主，配合短截。稀植园树形可采用自然开心形和疏散分层形，修剪方法多用短截，配合疏剪。

上述各因素往往同时作用于扁桃树，因而修剪时必须多方考虑，本着因地制宜、因树修剪的原则，灵活运用修剪技术，并不断观察、总结和调整，使修剪技术更适宜于当时当地的具体情况。

二、常见树形

（一）自然开心形

定干高70～100厘米，无中心领导干，在整形带内选3个着生方位均匀的枝条作为主枝，任何一个主枝均不要朝向正南，3个主枝间距为30～40厘米，其水平夹角最好为120°，主枝基角60°～70°。每个主枝上均匀着生2～3个侧枝，侧枝上均匀分布结果枝组和各类结果枝。选择方位适宜的主枝，其余枝条可作为辅养枝保留，通过基部拿枝或摘心，控制生长，以保证所选留主枝的生长。

（二）疏散分层形

定干高60～80厘米，有明显的主干，全树有6～8个主枝，第一层主枝有3～4个，主枝间距20厘米。第二层与第一层之间的层间距为80～100厘米，第二层有主枝1～2个，与第一层的主枝不能相互重叠。第三层与第二层的间距为60～70厘米，留1个主枝使之成为斜生状态。

（三）延迟开心形

定干高60～80厘米，有5～6个主枝，均匀地分布在中央领导干上，主枝可以没有明显的层形，最上部一个主枝呈斜生状态。树体成形后，将中央领导干从最上一个主枝上面锯掉，呈开心状。树冠中等大小，造形容易，进入结果期早，适于密植栽培。

（四）自由纺锤形

定干高50～60厘米，树高2.5～3米，中央领导干较直立，在中心干上呈螺旋状排列着生10～15个主枝，向四周伸展，无明显层次。主枝和主干保持70°～80°夹角，呈水平状向外延伸，基部主枝长1.5～2米，上层主枝长度依次递减，主枝间距20厘米左右，在同一方向的上下主枝间距不得低于50厘米。主枝上不留侧枝，主枝上配备中小型结果枝组。树体圆满紧凑，通风透光良好。

（五）“Y”字形

定干高50～60厘米，主干高40～50厘米，在主干上培养2个主枝，主枝向行间延伸。每个主枝上培养2～3个侧枝，侧枝上配备结果枝组。

三、整形技术

幼树移栽2～3年期间，整形极为重要。首先应使扁桃幼树健壮生长，促使扩大树冠，结合生长发育，培养强壮骨干枝，为高产稳产打下基础。

（一）定　干

扁桃幼树生长势很强，树姿直立，根系浅，树冠多向背风面倾斜，主干不宜留高，多以自然树形发展定干，一般为20～80厘米。

（二）抹芽、除萌

移栽当年为了有利于树苗成活和生长，一般只抹芽而不整枝，根据树形发展要求，抹掉或剪除主干20～60厘米以下的萌枝。移栽2～3年期间，幼树萌芽率高、成枝力强，若任其自然发展，常常出现枝条密集，甚至下垂，造成上强下弱，并且树冠内通风透光不良，影响主、侧枝生长发育。选留主干上相距一定距离、方向不同的强壮枝作为主枝，根据现有树形，主枝与主枝的角度多为40°～50°，疏除其余枝条，其中强枝要早除，弱枝可晚除，以利于幼树生长发育。之后的夏季修剪以平衡主枝之间的生长势为主。

（三）夏季修剪

夏季修剪是增强树势、提早结果的重要技术措施，可利用副梢扩大树冠。夏季修剪主要是根据新梢生长情况，在生长季内疏剪生长方向不合适或生长过旺的新梢。在萌芽后新梢急速生长期进行修剪，可集中营养，减少不必要的消耗，加速树冠形成和提早结果。

第二节　修剪技术

修剪是扁桃栽培管理中的一项重要技术。一般用工具以撑、拉等手段控制枝条的长势、方位及数量，将果树修整成一定形状，以达到维持生长与结果的相互协调。幼龄时修剪的主要任务是整形和提早结果。结果树修剪的主要任务是维持树冠完整，调节生长与结果的矛盾，达到连年优质、丰产，防止早衰，延长盛果期的年限。如若放任生长不进行修剪，虽然可提早结果，但树冠内膛很快郁闭，有效结果面积小，结果部位外移，大小年结果现象严重，果实质量不佳，而且容易早衰。修剪在调节树体结构、生长与结果的矛盾、改善果实品质等方面起着非常重要的作用。

一、修剪时期

修剪分为休眠期修剪和生长期修剪。

(一)休眠期修剪

休眠期修剪在落叶后至翌年萌芽前均可进行。此时修剪的目的主要是疏掉一些不需要的枝条，养成一定的树形，保持各级骨干枝的平衡，并培养结果枝组，调整结果与生长的关系。修剪方法以疏为主，适当短截、回缩，尽量保留多的结果部分。在结果枝较多的情况下，可短截一部分枝条作为预备枝。

(二)生长期修剪

生长期修剪是指从萌芽后至落叶前的整个生长季节，按不同阶段分期进行。生长期的修剪方法主要有抹芽、除萌、摘心、扭梢等，其主要作用是调节生长发育，减少无效生长，节约养分，改善光照，调节骨干枝角度，平衡树势，促使成花。

二、修剪方法

（一）短　截

剪去1年生枝条的一部分。短截改变了原有的顶端优势，调整了营养、水分的分配，相对提高了留下枝芽的营养水平，因而对剪截附近的枝芽有局部促进生长的作用，如促进芽萌发、促进新梢生长，而且这种促进作用随着剪口的距离加大而减弱。轻短截对原枝条的刺激较小，剪口芽不会发生强旺枝，但下部芽受抑较轻，萌发较多。一般在培养中小型枝组，或希望减缓生长势时采用。中短截的剪口芽为饱满芽，能促发长枝和少量中短枝，一般对骨干枝的延长枝、中大型枝组的带头枝，在希望填补空间时采用。重短截常能促发几个旺枝或徒长枝，使局部生长势得以加强，这种效应与增施氮肥相似，因此仅在控制枝组或平衡树势时采用。重短截虽然能促生强旺枝，但由于被剪的枝段也较长，树冠相对被缩小，枝条中贮存的营养也有所损失，所以对植株的整体是一种削弱。对幼树和壮树重短截愈多，对剪口芽的促进就愈明显，但全树总生长量、总叶量则愈减少，对整个树势的削弱也愈明显。对老弱树适当重剪，则由于增大了根、冠比例，使贮藏营养集中使用，反而可以促进新梢萌发、树势复壮。

（二）疏　枝

也称疏剪，是把1年生枝或多年生枝从其基部剪除。疏枝可改善树冠通透条件，有利于花芽分化、花果生长和发育。疏枝往往对其下部枝有促进作用，而对其上部枝有抑制作用。疏的枝愈粗、伤口愈大，这种反应愈明显。同时，也与伤口上下枝条的生长有关，如生长好则反应敏感，如在伤口以上有叶丛枝，则可促使萌发出中长枝。疏枝会减少果树的枝叶量，疏除过重，会明显削弱全枝或全树的长势。疏枝主要是疏除树冠上的重叠枝、过密枝、交叉枝及不能利用的徒长枝、病虫枝、干枯枝等。

(三)长　放

又称甩放、缓放，即放任枝条自然生长。长放的枝条顶端，生长势逐年削弱，分枝多而短，有利于缓和树势，增加积累，促进成花。幼旺树，适当甩放一部分拉平的长枝，有利于提早成花结实。直立枝长放，则由于叶面积多，顶端优势强，反而会促使枝条加粗、生长继续过旺，故长放应结合拉枝。

(四)缩　剪

又称回缩，是指对多年生枝进行短截。常用于骨干枝的换头或结果枝组的更新。缩剪的反应与剪截口大小、剪截量的多少和保留枝芽的质量有关。缩剪旺枝，对剪口刺激重，所以应在剪口留有一定的发育枝，以分散其势力，达到缓和的目的，一般用于层间大的辅养枝上。缩剪弱枝，则对后部有良好的复壮作用，通常用于衰弱的结果枝组。

(五)环刻或刻伤

又称目伤。在枝条萌芽前，于芽的上方 2～3 毫米处，横刻 1 刀，深及木质部，由于伤口刺激和养分截留，可以迫使该芽萌发，在希望补空时使用。

(六)除萌与抹芽

抹芽在生长期开始时，将不需要发枝部位的芽除去。除萌在生长前期，将主干上、树冠中，特别是大枝剪锯口周围无用的萌芽或幼梢除去。它们共同的作用是节省树体养分、改善树冠的光照条件，并可避免冬季修剪时造成过多的伤口。

(七)摘　心

生长期剪去新梢顶端的幼嫩部分称为摘心。摘心可以改变养分分配的方向，相对提高枝叶中下部的营养，促进枝芽充实，有助于花芽的形成。同时，通过摘心，除掉了合成生长素的嫩叶和幼茎，干扰新梢调运营养的能力，能送还到根系，供其吸收营养，还可减少与其他枝条生长的竞争，因而常用在竞争枝和徒长枝的控制上。对幼树枝条进行摘心,可促发二次枝,加速树冠的形成,有利于提早结果。

(八)拿　枝

拿枝是指在生长季节用手握住枝梢基部,由下而上逐渐弯伤木质部而不裂伤皮层。在新梢木质化初期,拿枝可加大角度,缓和生长,有利于结果。常用于幼树或初结果树直立枝的利用及改造上。

(九)扭　梢

在新梢基部3～5厘米半木质化处,用手指扭转半圈,使其上部呈倾斜状或下垂状的措施。扭梢的对象为背上枝或斜生的旺长新梢及各延长枝梢的竞争枝。新梢生长至20厘米时可进行扭梢,扭梢可以减少强旺枝的生长势,促进花芽的形成,有利于结果。

三、不同年龄时期树的修剪

(一)幼树修剪

扁桃幼树生长旺盛,顶端优势明显,徒长枝多。很容易出现从属不明、枝条紊乱和长势不匀等情况。此期修剪的主要任务是快速形成树冠,培养合理的树体结构,并使其尽早结果。因此,休眠期修剪应通过短截手段,促使抽发壮枝,培养成各级骨干枝,疏除过密枝,保留并甩放辅养枝,使其转化成结果枝组。夏季修剪主要通过摘心促发副梢,加快骨干枝和枝组的形成,利用拿枝、拉枝促进花芽的形成。

(二)初果期树的修剪

第三年扁桃开始结果,但树冠还未达到预定体积,仍应对主枝延长头短截增势,延伸扩大树冠。对结果枝组细心培养,交错安排大、中、小枝组。大型结果枝组主要排列在骨干枝背上,向两侧斜生,骨干枝背后,也可配置大型结果枝组。中型结果枝组主要排列在骨干枝两侧,或安排在大型结果枝组之间。小型结果枝组主要安排在树冠外围和骨干枝背后，有空就留，无空就疏。结果枝组着生的密度，从全树冠来看，要求上稀下密、南稀北密、外稀内密。树冠顶端的枝组无论是中型还是小型，其所占空间高度，以不超过着生结果枝组的骨干枝枝头为限，以利于通风透光，并保持中心主枝的生长优势。

此期修剪的主要任务是对竞争枝、内膛直立枝、徒长枝进行控制及副梢修剪，控制主枝上的竞争枝。树冠内膛直立生长的新枝要及时从基部疏除，以免竞争过多养分，影响树体扩冠，扰乱树形，有空间可留 2 个副梢剪截，培养枝组。幼树生长势强旺，主枝上的副梢多且生长势强，大部分副梢可以结果，少量粗度为 1 厘米左右的可用作结果枝组。在主枝剪口芽下 20 厘米范围内的副梢，其角度、方向合适的可培养成结果枝组和侧枝，剪留长度 25～30 厘米。

（三）盛果期树的修剪

扁桃第五年开始进入结果盛期，这一时期修剪的主要任务是维持经济产量。盛果初期树冠内各级枝组延长生长量大大减退，短果枝大量形成，株行间空隙还比较大，需注意整形修剪，调节结果与生长的关系，防止早衰，延长盛果期。对各级枝的延长枝进行适当短截，促进结果枝形成和适当地发展。盛果期树冠布满空间，不能向外扩展，延长枝全部长放，结束延长生长，促使顶端也大量形成结果枝。

各级枝上的结果枝组，依生长情况进行修剪：有发展空间的大型强壮结果枝组，先轻剪控制旺长，使其早结实，充分利用其结实能力，结果后有比例地回缩，剪口下短枝留 7～8 个芽短截；中型结果枝组，轻度缩剪，以较弱枝带头，使其不再扩大，保持在一定范围内结果；小型结果枝组，根据情况进行缩剪，促使抽生强枝。结果枝组过密时适当疏剪，去弱留强、去小留大、去直立留平斜，保持结果枝组健壮紧凑，枝组上的枝条要注意轻重交替进行修剪，因势利导、因枝修剪，防止以大改小和回缩过重。为控制结果部位外移，各类结果枝组的回缩要交替进行，使枝组交替结果。修剪中注意在树冠内膛选留预备枝，进行更新复壮培养，促使转化为结果枝组。结果部位外移的大型辅养枝，进行重回缩，回缩1/2～2/3。分枝多、连续结果衰退的各级枝组，需及时回缩更新，回缩至分枝处，使其复壮，每年短截1～2个中庸枝，促使新枝更替老枝。盛果后期树冠内膛光照不足，冠内枝条生长细弱或大量枯死，致使内膛光秃，要疏除衰老枝和过密枝，大大减少外围枝量。

(四)衰老期树的修剪

一般管理水平低下的扁桃经济寿命为40～50年，衰老期的表现为骨干枝、延长枝的长势进一步衰弱，枝条生长量小，中果枝和短果枝大量死亡，大枝组生长衰弱，枯枝逐年增加，主、侧枝前端下垂，内膛和中下部光秃，树形不正，全树产量大减。这一阶段修剪的主要任务是更新复壮，利用内膛徒长枝更新树冠，维持树势，尽量维持树体有较高的产量。

在加强肥水的前提下，对骨干枝进行回缩，回缩程度依骨干枝的衰老程度而定，一般骨干枝可回缩至3～5年生部位，回缩骨干枝仍然要注意保持主、侧枝间的从属关系。若骨干枝背上有徒长枝或发育枝，可利用其优势作延长头，原延长头可做一个背下枝组处理。树冠内膛的徒长枝要充分利用，以尽快培养出新的结果枝组。对生长势衰弱的结果枝组回缩至靠近骨干枝的分枝处更新复壮，多留预备枝，疏除细弱枝。缩剪不能过重，一定要缩剪至有恢复生机的枝芽部位。在一株树上要分年、分批对不同枝更新，一次只能更新整个树体枝量的1/4～1/3。通过合理修剪，加强肥水管理，衰老树仍会有理想的产量。

第九章 病虫害防治

在扁桃生产过程中，病虫害、禽兽害防治是扁桃园管理的重要环节。了解扁桃生产中存在的主要病虫害，并进行综合防治，是扁桃园优质、丰产、稳产的关键。要抓住关键时期重点防治，降低危害程度，提高经济效益。

第一节 扁桃园病虫害综合防治

在扁桃无公害生产中，贯彻执行“预防为主，综合防治”的方针。在病虫害发生之前采取积极措施，采用农业防治、生物防治、物理防治和化学防治等多种防治方法，制定出适合本地区的防治方案。为减少农药对环境和果品的污染，提倡采用农业、生物和物理防治方法。在进行化学防治时，禁止使用剧毒、高毒、高残留农药和国家禁止使用的其他农药，尽量减少施药次数和施药量，在果实采收前避免施药。

一、农业防治

农业防治是防治果树病虫害所采取的综合防治技术，在病虫害防治中占有重要地位。农业防治是利用科学的栽培管理技术措施，通过调整和改善果树的环境条件，增强果树对病虫害的抵抗力，使之有利于寄主植物生长发育和有益生物的繁殖，而不利于病虫害的发生发展，直接或间接地消灭或抑制病虫的危害，从而把病虫所造成的经济损失控制在最低限度。农业防治方法具有灵活多样、经济简便、可操作性强、与果树栽培管理结合紧密等优点,已成为无公害果品生产中优先采用的防治方法。主要方法有:一是萌芽前,清除扁桃园的落叶、枯草,深埋积肥,及时消灭越冬害虫。二是合理灌水施肥,整形修剪,增强树势。结合深翻改土,秋施充足的有机肥,注重施磷、钾肥,控制氮肥用量。萌芽前和果实采收后应加强灌水,果实成熟期适当控制灌水,以增强树势,提高树体对病虫害的抵抗能力,降低病虫危害。三是结合施基肥深耕,进行树盘深耕,既可疏松土壤、促进扁桃树根系生长、增强树体抵抗能力,又可杀伤土中越冬的害虫。四是通过灌封冻水可消灭一些越冬害虫,如梨木虱成虫70%～80%可被消灭。

二、生物防治

生物防治是指利用某些生物或生物代谢产物控制害虫发生和危害的一种方法。果园存在大量害虫的寄生性、捕食性和病原性天敌。只要通过保护措施,增加害虫天敌个体数量或利用微生物农药,就可以达到防治的目的。生物防治具有不污染环境、对人和其他生物安全、防治作用比较持久、易于同其他植物保护措施协调配合并能节约能源等优点,已成为植物病虫害综合治理中的一项重要措施。如实行扁桃园养鸡,用鸡捕杀成虫或地下害虫,1只成年鸡可控制1 334～3 335 米^2 园内害虫。

三、物理防治

物理防治是指用物理方法引诱、捕杀、隔绝、驱除害虫,从而达到控制害虫的目的。如利用桃小、梨小等害虫秋后爬至树干粗皮、树皮缝中越冬的习性,越冬前,在树干上预先绑草把诱集越冬害虫,冬季解除草把烧毁;利用桃小、梨小的趋向性,使用黑光灯和糖醋液诱杀成虫;利用性诱剂诱杀梨小、桃小雄蛾。

四、化学防治

化学防治又叫农药防治，是用化学药剂的毒性来防治病虫害。化学防治是植物保护最常用的方法，也是综合防治中的一项重要措施。它具有防治效果好、收效快、使用方便、受季节性限制较小、适宜于大面积使用等优点。但是事物总是一分为二的，化学防治倘若使用不当，能够引起人畜中毒，污染环境，杀伤天敌，造成药害。长期使用的农药，可使某些病虫害产生不同程度的抗性等。所以，提倡使用高效、低毒、低残留的农药。

（一）农药的分类

按照农药的用途，可分为杀虫剂、杀螨剂、杀菌剂、杀线虫剂、杀鼠剂、除草剂、植物生长调节剂等。

1. 杀虫剂　是防治害虫的农药。按照作用方式，杀虫剂可分为以下几种。

（1）触杀剂　通过接触害虫表皮渗入体内，使之中毒死亡的药剂，如叶蝉散。

（2）胃毒剂　药剂随同害虫取食一同进入虫体内，使之中毒死亡的药剂，如敌百虫，此类药剂适用于防治咀嚼式口器的害虫。

（3）内吸剂　这类药剂易被植物所吸收并可在体内输导到植物各部分，在害虫取食后中毒死亡。这类药剂适于防治蚜虫、叶蝉、飞虱等刺吸式口器害虫，如乐果、灭蚜松等。

（4）熏蒸剂　利用药剂挥发出来的气体，通过呼吸系统进入虫体，使其中毒死亡，如溴甲烷等。仓库害虫常用熏蒸防治。其他还有绝育剂、拒食剂、引诱剂等。

2. 杀螨剂　用来防治植食性螨类的药剂，如阿维菌素等。

3. 杀菌剂　用来防治病害的药剂，如多菌灵、波尔多液等。按照其作用原理，杀菌剂可分为以下几种。

（1）保护剂　在病原菌侵入之前用来保护植物，能消灭病原菌并保护植物免受危害，如波尔多液、代森锌等。

(2)治疗剂　是在植物感病后，用来处理植物使其不再受害的药剂，如多菌灵、甲基硫菌灵等。

4. 杀线虫剂　是一类用来防治植物线虫病害的药剂，如滴滴混剂。

5. 除草剂　是防除杂草和有害植物的药剂，如扑草净。

6. 杀鼠剂　是防治鼠类的药剂。

(二)农药的使用

在选择农药时，要注意以下几点：一是要到知名度高、实力雄厚、信誉较好的农药公司或商店购买农药。二是购买农药时，要认真查看所需农药的标识说明、商标、生产厂家、生产日期、有效期限、防伪标记等，注意查看其有效成分、商品名称和化学名称，防止购买同物异名或同名异物的农药。三是购买农药时要索取正规发票，并认真保留作为原始凭据，维权时使用或以后购药时参考。四是有条件时，可进行现场检验农药真伪。方法是乳油剂型农药，液面上如漂浮一层油花，则为不合格农药。对于可湿性粉剂和悬浮剂等农药，可将少量农药放入矿泉水瓶中，让其自然溶解，然后摇动，放置半小时后，如发现有沉淀分层现象，则为假药。

按照上述方法购买到好药、真药后，要科学使用农药，才能真正起到防治病虫害的作用。科学用药，主要包括对症用药、适时用药。一是要正确识别病虫害的种类，选择适宜的农药种类。二是注意使用时期，混合使用要合理，要根据病虫预测预报和消长规律适时喷药，病虫害在经济阈值以下时尽量不喷药，同时注意不同作用机制的农药交替使用和合理混用。三是按照规定的浓度，每季最多使用次数和安全间隔期要求使用农药。不随意提高施药浓度，以免增加害虫的抗药性，必要时可更换农药种类。四是注意用药质量，喷药时要注意均匀周到、细致，重点喷洒叶背，同时兼顾新梢、花序、果实等。五是注意农药使用要合法，不能使用国家禁止使用的农药。

(三)农药混施时应注意的问题

将2种或2种以上不同作用机理的农药混合使用,可延缓病虫抗药性的产生。农药的混用必须遵循下列原则:一是要有明显的增效作用。二是对植物不能发生药害,对人、畜的毒性不能超过单剂,对天敌昆虫不能构成大的威胁。三是扩大防治对象,能多虫兼治或病虫兼治。这样,既减少喷药次数和节约时间,又降低用工成本。即便混配农药也不能长期使用,否则同样会产生抗药性,甚至病虫对多种农药同时产生抗性,其后果会更加严重。混配药剂有2种,一种是喷药前自行配制,但必须随配随用,不能放置时间太长。另一种是农药生产厂家出品的混配剂。目前,混配药剂有杀菌剂之间的混配,如甲霜灵和代森锰锌混配成的甲霜·锰锌,既有保护作用,又有治疗效果。杀虫剂之间混配,如马拉硫磷和氰戊菊酯混配的氰戊·马拉松乳油,兼有胃毒、触杀和内吸作用,能防治蚜虫、叶螨和多种鳞翅目害虫。杀虫剂和杀菌剂混配的农药,如三唑酮与马拉硫磷或乐果混用,可兼治白粉病、锈病和蚜虫、地下害虫。

第二节　主要病害及防治

一、细菌性穿孔病

细菌性穿孔病是一种危害性很大的重要病害,严重威胁核果类果树的生产,分布广,发病率高,在全国各核果类产区均有发生。易造成果树大量落叶,削弱树势,影响产量。除危害扁桃树外,还能侵染桃、李、杏、樱桃等多种核果类果树。

(一)识别与诊断

该病主要危害叶片,也能侵害果实和枝梢。叶片发病时,初为水渍状小点，后扩大成圆形或不规则形病斑，紫褐色或黑褐色。病斑周围水渍状并有黄绿色晕环，后病斑干枯，病部组织脱落形成穿孔。果实发病时，在果面上产生暗紫红色、圆形略凹陷的病斑。天气潮湿时，病斑上出现黄白色黏稠物，后期病斑龟裂。枝条受害有春季溃疡和夏季溃疡 2 种类型。春季溃疡斑多出现在 2 年生的枝条上，当新叶出现时，枝条上形成暗褐色小疱疹，有时可造成枯梢。夏季溃疡出现在当年的嫩枝上，以皮孔为中心形成褐色或紫黑色、圆形或椭圆形的凹陷病斑，边缘水渍状。夏季病斑多不扩展。

(二)发生规律

细菌性穿孔病的细菌病原在枝条病组织内越冬，翌年桃、李树开花前后，病菌从病组织中溢出，随风雨或昆虫传播。病害一般在 5 月份开始发生，6～7 月份发展，夏季干旱时病势发展缓慢，秋季雨水多时病势又有所上升，10 月份基本停止。一般在温暖、雨水频繁或多雾季节适宜病害发生，树势衰弱、排水通风不良及偏施氮肥的果园发病较重。

(三)防治措施

1. 农业防治　冬季结合修剪，彻底清除枯枝落叶，集中烧毁，减少越冬菌源。注意果园排水，增强通风透光性，降低湿度。增施有机肥料，使果树生长健壮，提高抗病力。避免与核果类果树混栽。

2. 药剂防治　果树发芽前，喷施 4～5 波美度石硫合剂，或 45％晶体石硫合剂 30 倍液，或 1∶1∶100 波尔多液。芽后喷施 72％链霉素可溶性粉剂 3000 倍液，或 65％代森锌可湿性粉剂 500 倍液。

二、流胶病

流胶病是扁桃常见的严重病害，世界各核果栽培区均有发生，在我国南方桃区发生较重，一般果园发病率为 30％～40％，重茬或粗放管理的果园发病率甚至高达90%，且多为复合型流胶病。

(一)识别与诊断

流胶病主要危害枝干，发病初期病部膨胀，随后分泌出透明、柔软的树胶，树胶与空气接触后，逐渐变成褐色透明胶块，最后变硬。随着流胶量的增加，导致树势严重衰弱，叶片变黄，产量锐减，寿命缩短，严重时全树死亡。此病多由树体伤害引起，如病虫害、雹伤、霜冻、日灼、水分过多、施肥不当、修剪过重、土壤黏重等均可诱发产生，其中树体上有伤口是最主要的原因。在降雨量大的地区及平原湿度大的扁桃园易发病。

(二)发生规律

扁桃流胶病的发病原因有2种：一种是非侵染性的，如机械损伤、病虫害、霜害、冻害等伤口引发流胶，或因管理粗放、修剪过重、结果过多、施肥不当、土壤黏重、接穗不良及砧、穗不亲和等引起树体生理失调而引发流胶。另一种是由侵染性病原引起的，侵染性病原以菌丝体、分生孢子器在病枝里越冬，翌年3月下旬至4月中旬散发分生孢子，随风、雨传播，主要经伤口、皮孔侵入，成为新梢初次感病的主要病原。山西晋中地区晋扁系列扁桃品种1年有两次发病高峰，第一次在5月上旬至6月上旬，第二次在8月上旬至9月上旬，病菌侵入的最有利时机是枝条皮层细胞逐渐木栓化、皮孔形成以后。因此，防治此病以新梢生长期为佳。

(三)防治措施

1. 加强栽培管理 做好果园开沟排水，提高肥水管理水平。冬季越冬前对树体进行培土防冻。增施有机肥和硼、钾肥，实行配方施肥，中后期控制氮肥。改良土壤，酸性土壤适当施用石灰或过磷酸钙，提高果树抗逆能力。合理修剪，合理负载，减轻树体负担，增强树势，提高树体的抗病能力。防寒防冻、防虫防病、防伤口都是关键环节。

2. 合理修剪 合理修剪，合理负载，保持稳定的树势。夏季修剪要适度，不要过重，要少量多次进行修剪。冬季修剪要注意修剪时间和修剪手法，尽量减轻伤口，对修剪后过大的伤口要涂保护剂。雨季适时排水，降低果园湿度，改善通风透光条件。

3. 消灭越冬菌源 结合冬季修剪清园消毒，消灭越冬菌源、虫卵。及时清除病虫枝，及时清除树干胶块，并涂石硫合剂保护，减少越冬病虫。

4. 药剂防治 在树体发芽前，将流胶部位病组织刮除，然后伤口涂3～5波美度石硫合剂，或45%晶体石硫合剂30倍液，或1%甲紫溶液20倍液，表面消毒后涂50%多菌灵可湿性粉剂50倍液，或40%氟硅唑乳油500倍液，外涂伤口愈合剂保护伤口。在5月上旬至6月上旬、8月上旬至9月上旬两个病发高峰期之前，喷洒80%甲基硫菌灵可湿性粉剂1500倍液，或50%多菌灵可湿性粉剂600～800倍液，或80%代森锰锌可湿性粉剂800倍液，或50%克菌丹可湿性粉剂400～500倍液等。每7～10天喷1次，交替使用。喷药务必细心周到，特别是主干、大枝均要喷到位。

三、褐腐病

又称菌核病、灰腐病，是扁桃树的重要病害之一，除扁桃树外也危害桃、李、杏、樱桃和梅等果树。此病在夏季温暖湿润地区发生较重，干旱地区较轻。

(一)识别与诊断

该病危害扁桃树的花、叶、枝梢及果实，以果实受害最重。花受害时，常自雄蕊及花瓣尖端开始，先发生褐色水渍状斑点，后渐延至全花，以至变褐萎蔫，多雨潮湿时呈软腐状，表面丛生灰霉，枯死后常残留于枝上，经久不落。嫩叶受害自叶缘开始变褐，很快扩至全叶，致使叶片枯萎，残留于枝上。嫩枝受害形成长圆形溃疡斑，边缘紫褐色，中央稍凹陷、灰褐色，常流胶。天气潮湿时，病斑上长出灰色霉层。当病斑绕枝1周时，引起上部枝梢枯死。果实自幼果至成熟期都可受害，以近成熟期受害最重。最初在果面产生褐色圆形病斑，如环境适宜，数日内病斑扩至全果，果肉变褐、变软腐，继而病斑表面产生灰褐色茸毛状霉丛，即病菌的分生孢子梗和分生孢子。孢子丛常呈同心轮纹状排列。病果腐烂后易脱落，但不少失水后形成僵果而挂于树上，经久不落。

（二）发生规律

病菌主要以菌丝体在树上及落地的僵果内或枝梢的溃疡斑部越冬，翌年春产生大量分生孢子，借风雨、昆虫传播，通过病虫伤、机械伤或自然孔口侵入。在适宜条件下，病部表面产生大量分生孢子，引起再次侵染。在贮藏期内，病、健果接触，也可传染危害。

（三）防治措施

1. 清除菌源　结合修剪，彻底清除僵果、病枝等越冬菌源，集中烧毁，同时深翻园地，将带病残体埋于地下。

2. 加强管理　及时防治桃蛀螟、象甲、食心虫、蜡象等害虫。5月上中旬套袋保护果实。

3. 药剂防治　花前、花后各喷1次50%多菌灵可湿性粉剂1 500倍液，或于发芽前喷5波美度石硫合剂，或45%晶体石硫合剂30倍液。落花后10天左右喷65%代森锌可湿性粉剂500倍液，或70%甲基硫菌灵可湿性粉剂800～1 000倍液。花腐发生多的地区，应在初花期加喷1次代森锌或甲基硫菌灵。发病初期和采收前3周喷50%乙霉威可湿性粉剂1 500倍液，或50%多菌灵可湿性粉剂1 500倍液，或70%甲基硫菌灵可湿性粉剂1 000倍液，或50%异菌脲可湿性粉剂1 500倍液。发病严重的扁桃园可每15天喷1次药，采收前3周停喷。

四、炭疽病

炭疽病为我国扁桃产区的重要病害之一，以南方产区受害最重。

(一)识别与诊断

主要危害果实,也可危害叶片和新梢。叶片感染后,叶缘或叶尖先产生黄色不规则的病斑,少量枯黄色的斑在果实表面,这是典型的果实感染初期症状。果实感染后病原常常侵染到果心,后期果实感染病斑颜色由枯黄色至棕褐色,并常常出现呈多种形状的琥珀色胶状体,随着时间的推移,受侵染果实渐渐木质化。新梢上的病斑呈长椭圆形、暗褐色,稍凹陷。病梢叶片呈上卷状,严重时枝梢常常枯死。

(二)发生规律

扁桃炭疽病病菌是一种真菌,病菌主要以菌丝体在僵果、枯枝、翘皮枝等部位越冬。翌年春病菌产生分生孢子,通过气流、雨水传播,再侵染。当气温达12℃、空气相对湿度达80%以上时,开始形成孢子,借助风雨、昆虫等进行传播,形成第一次感染。高湿是该病发生与流行的主导诱因。开花及幼果期低温多雨,果实成熟期多云多雾、高湿均利于发病。

(三)防治措施

1. 清除病源 结合修剪,清除病僵果、枯枝和烂叶,刮除病皮。生长季节及时摘除初期病果。此外,果园周围不要栽植刺槐等植物。

2. 加强栽培管理,增强树势 增施有机肥和磷、钾肥,控制果量,以增强树势。及时排水和中耕除草,改善果园的通风透光条件,以降低果园的湿度。

3. 药剂保护 对扁桃炭疽病的防治以预防为主。一般从花前喷1次药,落花后每隔10～15天用1次药,连续3～4次。药剂可用70%甲基硫菌灵可湿性粉剂1 000倍液,或80%福·福锌可湿性粉剂500～800倍液,或50%多菌灵可湿性粉剂800～1 000倍液,或50%克菌丹可湿性粉剂400～500倍液,或50%胂·锌·福美双可湿性粉剂1 000倍液。药剂交替使用,延缓病菌对单一药剂产生抗药性。

五、腐烂病

在我国大部分扁桃产区均有发生，是扁桃生产中危害性很大的一种病害。

(一)识别与诊断

腐烂病主要危害枝干，致使皮层腐烂坏死，具体有溃疡型和枝枯型 2 种症状。溃疡型多发生在主干和大枝上。春季病斑近圆形，红褐色，水渍状，边缘不清晰，组织松软，指压病部可下陷，常有黄褐色汁液流出，有酒糟味。揭开表皮，可见病部深 1～1.5 厘米，组织呈红褐色乱麻状。后期病部失水干缩下陷，病健交界处裂开，病皮上产生很多小黑点。天气潮湿时，小黑点上涌出黄色、有黏性的卷须状孢子角。发病严重时，病斑扩展环绕枝干 1 周，树体受害部位以上的枝干干枯死亡。枝枯型多发生于 2～4 年生的小枝条、干桩或衰弱树的大枝上，病斑形状不规则，扩展迅速，很快环绕枝干 1 周，造成枝条枯死。后期病部也出现小黑点。

(二)发生规律

病菌主要以菌丝体、分生孢子器、子囊壳和孢子角在田间病树组织枝干内越冬。病菌孢子主要依靠雨水飞溅传播，经各种伤口(主要是冻伤)、叶痕、果柄痕、果台及皮孔侵入。腐烂病菌是弱寄生菌，可长时间潜伏，在树体衰弱时分泌毒素，使皮层腐烂，并侵入活组织继续扩展。每年冬春季节为发病高峰。

(三)防治措施

1. 增强树势，提高抗病力 增强树势的主要技术措施包括合理修剪，调整树势；合理调节树体负载量；采用配方施肥技术，重施有机肥，保持果园土壤有机质含量在 1％以上；改善灌水条件，防止早春干旱和雨季积水；搞好果树防寒，幼树培土，大树树干涂白等以防冻害；加强对叶斑病、枝干和叶部害虫的防治，保持树势。

2. 搞好果园卫生,减少菌源 生长季及时刮除病斑;及时清除死树、病枝、残桩并妥善处理;剪锯口等伤口用煤焦油或油漆封闭,减少病菌侵染。

3. 药剂预防 早春树体萌动前,喷布3～5波美度石硫合剂、5%菌毒清水剂50倍液等杀菌剂保护。在5～6月份对树体大枝干涂刷药剂(不可喷雾),可选用5%菌毒清水剂50倍液,可有效减少病菌侵入。

4. 病疤治疗 对病疤治疗,采取"春季突击刮、坚持常年刮","治早、治小、治了"的原则。

(1)刮治法 是病疤处理的主要方法。地面铺塑料布,在病疤周围随疤形外延0.5厘米,用刀割一个1～1.5厘米、深达木质部的圈,将圈内的病皮和健皮全部彻底刮除,将刮掉的病组织集中烧毁。对暴露的木质部涂药处理。药剂有80%波尔多液可湿性粉剂100倍液,或5%菌毒清水剂50倍液,或843康复剂200克/米^2,或松焦油原液2～5倍液,或10波美度石硫合剂,或30%福美胂可湿性粉剂20～40倍液等。20天后再涂1次。对直径10厘米以上的病疤,在刮除病组织后还应采用脚接和桥接法,以恢复树势和延长结果年限。

(2)敷泥法 就地取土和泥,拍成泥饼敷于病疤及其外围5～8厘米范围,厚3～4厘米,然后用塑料布或牛皮纸扎紧。此法宜在春季进行,翌年春解除包扎物,清除病残组织后涂药消毒保护。直径小于10厘米的病疤可用此法。

(3)重刮皮法 可兼防干腐病、轮纹病等其他枝干病害,防病作用可持续4年以上。10年生以上果树可用此法。在果树旺盛生长期(5～7月份),用刮挠将主干、中心干和主枝下部的树表皮刮去1毫米厚,至露出黄绿色新鲜组织为止。

六、疮痂病

我国各地均有发生，尤以高温多湿地区发病严重。

（一）识别与诊断

病菌主要危害果实，也危害叶片和枝梢。果实发病最初出现褐色小圆点，后期变成黑色。病斑大小一般为2～3毫米，严重时病斑连片。病菌只在果实表皮组织内扩展。当病组织死亡后，果肉继续生长，造成果实表皮龟裂。嫩枝受害后则形成稍隆起的圆形病斑。病斑浅褐色，常发生流胶。叶片受害后，其背面出现不规则的淡褐色病斑。病斑较小，后期病斑造成穿孔。

（二）发生规律

病菌以菌丝体在枝条的病组织内越冬。翌年春，病组织上产生的分生孢子借风雨传播到果实、枝条和叶片上，引起初次侵染。病菌在果实上的潜伏期较长，为40～70天，在新梢和叶片上为25～45天。所以，在早熟品种上果实尚未表现症状就被采收，往往被误认为是抗病品种，而晚熟品种发病重，往往被认为是不抗病。气温在10℃以上时，枝条上的病斑开始产生孢子。孢子产生的最适温度为20℃～28℃，空气相对湿度在80%以上。多雨和潮湿天气有利于病害的流行，尤其是春季和初夏降水量多时流行更严重。

（三）防治措施

1. 农业防治 在冬剪时，剪除重病枝及枯梢，以减少越冬菌源；生长季节适时夏剪，改善果园通风透光条件，可有效地减轻发病。

2. 药剂防治 发芽前喷1∶1∶100波尔多液，或4～5波美度石硫合剂。落花后15天，喷布70%代森锌可湿性粉剂800倍液，或50%多菌灵可湿性粉剂1 000倍液，或75%百菌清可湿性粉剂800倍液，或0.3～0.4波美度石硫合剂。

七、叶枯病

(一)识别与诊断

叶枯病多从叶缘、叶尖侵染发生,然后向叶的基部蔓延,红褐色至灰褐色,病斑连片成大枯斑,干枯面积达叶片的1/3～1/2,病斑边缘有一较病斑深的带,病健界限明显。后期在病斑上产生一些黑色小粒点。病叶初期先变黄,黄色部分逐渐变褐色坏死。由局部扩展到整个叶脉,呈现褐色至红褐色的叶缘病斑,病斑边缘波状,颜色较深。病健交界明显,其外缘有时还有宽窄不等的黄色浅带,随后病斑逐渐向叶基部延伸,直至整个叶片变为褐色至灰褐色,然后在病叶背面或正面出现黑色茸毛状物或黑色小点。

(二)发生规律

叶枯病在病叶上越冬,翌年当温度适宜时,病菌的孢子可借风、雨传播到寄主植物上,发生侵染。该病在7～10月份均可发生。植株下部叶片发病重。高温多湿、通风不良均有利于病害的发生。植株生长势弱的发病较严重。

(三)防治措施

第一,秋季彻底清除病落叶,并集中烧毁,减少翌年的侵染源。

第二,加强栽培管理,控制病害的发生,栽植地要排水良好,土壤肥沃,增施有机肥料及磷、钾肥。控制栽植密度,使其通风透光,降低叶面湿度,减少侵染机会。改喷灌为滴灌或流水浇灌,减少病菌的传播。

第三,生长季节在发病严重的区域,从6月下旬发病初期至10月份,每隔10天左右喷1次药,连喷几次可有效防治。常用药剂有1∶1∶100波尔多液,或50%甲基硫菌灵可湿性粉剂500～800倍液,或50%多菌灵可湿性粉剂1 000倍液(或40%胶悬剂600～800倍液),或70%代森锰锌可湿性粉剂500倍液等,可供选用或交替使用。

八、立枯病

(一)识别与诊断

在扁桃出苗和幼苗期发病较多,主要危害幼苗茎基部或地下根部,初为椭圆形或不规则暗褐色病斑,病苗早期白天萎蔫、夜间恢复,病部逐渐凹陷、缢缩,有的渐变为黑褐色,当病斑扩大绕茎1周时,最后干枯死亡,但不倒伏。轻病株仅见褐色、凹陷病斑而不枯死。苗床湿度大时,病部可见不甚明显的淡褐色蛛丝状霉。

(二)发生规律

此病是真菌病害,以菌丝体和菌核在土中越冬,可在土中腐生2～3年。通过雨水、喷淋、带菌有机肥及农具等传播。病菌发育适温为20℃～24℃。刚出土的幼苗及大苗均能受害,一般多在育苗中后期发生。凡苗期床温高、土壤水分多、施用未腐熟肥料、播种过密、间苗不及时、徒长等均易诱发本病。

(三)防治措施

1. 农业防治 严格选用无病菌新土配营养土育苗,避免连作或重茬;加强田间管理,出苗后及时剔除病苗;雨后应中耕破除板结,以提高地温,使土质疏松通气,增强幼苗的抗病力。

2. 种子处理 播种前种子进行拌种消毒,拌种药量为干种子重的0.3%～0.5%。常用农药有拌种·双、敌磺钠、多菌灵、甲基立枯磷等拌种剂。

3. 药剂防治 发病后及时拔除病株烧毁,同时可根据苗木生长大小,喷洒50%甲基硫菌灵可湿性粉剂500～1 000倍液,或70%代森锌可湿性粉剂500倍液等药剂,洒到苗行附近,也可于灌水前洒,浓度增大至200～300倍液。

第三节 主要虫害及防治

一、桃小食心虫

桃小食心虫,简称桃小,又名桃蛀果蛾,俗称钻心虫,是苹果、梨、山楂、枣、桃、扁桃等的重要害虫之一。

(一)识别与诊断

成龄幼虫体长12～13毫米,头褐色,前胸暗褐色,体背及其余部分桃红色,无臀栉。前翅前缘中部有一蓝黑色三角形大斑,翅基和中部有7簇黄褐色或蓝褐色斜立鳞毛,后翅灰白色。卵椭圆形,深红色。幼虫体长13～16毫米,桃红色。卵壳上有许多近似椭圆形的刻纹,顶部环生2～3圈“Y”状毛刺。蛹长6～8毫米,淡黄色至褐色。越冬茧扁椭圆形,质地紧密。蛹化茧纺锤形,疏松。茧分冬茧和夏茧,冬茧扁圆形,茧丝紧密;夏茧纺锤形,质地疏松。

桃小以幼虫蛀果危害。幼虫孵出后蛀入果实,蛀孔常有流胶点,不久干涸,成白色蜡纸粉末。幼虫在果实内串食果肉,并将粪便排在果内,形成“豆沙馅”果。幼虫发育老熟后,从果内爬出,在果面上留下圆形脱果孔,孔径约0.7毫米。

(二)发生规律

桃小食心虫1年发生1～2代,以老熟幼虫做冬茧在土中越冬。翌年在条件适宜时,越冬幼虫咬破冬茧爬到地面,寻找隐蔽的地方,如靠近树干的石块和土块下、裸露在地面的老根旁边、杂草根际及其他地被物下,做夏茧化蛹。经10～15天蛹期后,成虫羽化并在夜间交尾。幼虫在地面分布范围主要在树干周围1米以内、深3～8厘米的土壤中,最深可达15厘米。幼虫出土早晚、出土数量、出土时期与降雨状况密切相关。降雨早,则出土早;降雨集中且雨量充沛,则出土快而整齐;降雨晚,则出土迟;雨量小且分散，则出土慢而不整齐。

(三)防治措施

1. 地面药剂防治　消灭出土越冬幼虫和蛹，可选用25%辛硫磷微胶囊剂，每次用药剂 500 毫升/667 米^2，每隔 15 天左右施 1 次，酌情连施 2～3 次，防治效果良好。施用方法为药剂：水：细土＝1：5：300，制成药土，均匀撒施在树盘地面上，然后轻耙。也可用 50%辛硫磷乳油，每次用药剂 500 克/667 米^2，加水稀释为 300 倍液(或制成药土)，均匀喷施在地面上。也可用 20%氰戊菊酯乳油 2 000 倍液，或氯氰菊酯乳油 1 500 倍液，连施 2～3 次，防治效果也较好。

2. 树上药剂防治　消灭虫卵和初孵幼虫，可选用 20%甲氰菊酯乳油 1 500～2 000 倍液，对卵和初孵幼虫有强烈触杀作用，渗透性强，可杀死蛀果 2～3 天的小幼虫，但残效期仅 1～3 天。树上喷药防治桃小食心虫，对每代卵和初孵幼虫，根据虫情可喷药 1～2 次。喷药适期应在田间卵果率达到 0.3%～0.5%。

3. 人工防治　可采用筛、摘、捉等措施。

(1)筛　在越冬幼虫出土前，将树干周围 1 米以内、深 13 厘米以上的土壤，用直径 2.5 毫米筛孔的筛子筛除土中的冬茧。同时，要刮除紧贴树干基部的冬茧。

(2)摘　在第一代幼虫脱果前，分几次摘掉虫果。

(3)捉　在幼虫出土和脱果前，清除树盘的杂草及其他地被物，整平地面，堆放石块诱集出土幼虫，然后随时捕捉幼虫。

二、梨小食心虫

梨小食心虫简称梨小，又名桃折梢虫。梨小食心虫食性复杂，危害苹果、梨、桃、李、杏、山楂和樱桃等多种果树。

(一)识别与诊断

梨小食心虫成虫体长 4～6 毫米，翅展 10～12 毫米，体色为暗褐色，翅上密布白色鳞片，静止时两翅合拢，两外缘构成的角度较大，成为钝角。卵扁椭圆形，直径0.5～0.8毫米，初产的卵乳白色，后变成淡黄色。老熟幼虫体长6～8毫米，淡红色至桃红色，腹部橙黄色，头褐色，幼虫受惊较活跃。茧丝质、白色，长6～7毫米，长椭圆形。

(二)发生规律

梨小食心虫在我国北方干旱年份1年发生2～3代，多雨年份发生代数增加。以老熟幼虫在树干翘皮下、剪锯口处结茧越冬。翌年4月上旬开始化蛹。成虫羽化后开始产卵，主要在新梢上。幼虫是直接危害寄主的唯一虫态，对果实和新梢都有危害。受害枝梢常流出大量树胶，枝梢顶端的叶片先枯萎，然后干枯下垂，此时幼虫多已转移。第一至第二代幼虫主要危害核果类树种，7月份后主要危害梨果。梨小食心虫成虫喜欢在生长茂密的果上产卵，幼虫可以从任何部位蛀入果实，在近成熟的果实上蛀道危害。梨小食心虫在扁桃上最初危害并不严重，后来逐渐在一些地方开始发生，可危害扁桃核仁。在果实开裂期，梨小食心虫开始从幼茎转移，通过果实裂缝进入果核。

(三)防治措施

1. 人工防治 刮除老翘皮，集中烧毁。春季发现新梢顶端叶片变色、萎蔫时，及时剪除所有被害枝梢，并集中烧毁。

2. 物理防治 从4月下旬起，开始在扁桃园悬挂梨小食心虫的诱杀器。目前生产上常用灯诱杀法。

3. 药剂防治 发病严重时，可选用1.8%阿维菌素可湿性粉剂3 000倍液，或25%灭幼脲3号悬浮剂1 000～2 000倍液，或10%氯氰菊酯乳油2 000倍液进行喷洒防治。

三、红蜘蛛

危害扁桃树的红蜘蛛多为山楂红蜘蛛，是一种寄主范围广泛的果树害虫。

(一)识别与诊断

雌成虫有冬、夏型之分,冬型体长0.4～0.6毫米,朱红色有光泽。夏型体长0.5～0.7毫米,紫红色或褐色,体背后半部分两侧各有1个大黑斑,足浅黄色。雄体长0.35～0.45毫米,纺锤形,体浅黄绿色至浅橙黄色,体背两侧出现深绿色长斑。幼螨体圆形黄白色,取食后卵圆形浅绿色,体背两侧出现深绿色长斑。幼螨淡绿色至浅橙黄色,体背出现刚毛,两侧有深绿色斑纹,后期与成螨相似。

山楂红蜘蛛在早春危害芽、花蕾,以后危害叶片,常以小群体在叶片背面主脉两侧吐丝结网,多在网下栖息、产卵、危害。受害叶片常从叶背近叶柄的主脉两侧出现黄白色至灰白色小斑点,继而叶片变成苍灰色,严重时则出现大型枯斑,叶片迅速枯焦并早期脱落。

(二)发生规律

1年发生5～6代。以受精螨在果树的树皮裂缝、枝杈处和根颈部土缝中越冬,翌年春花芽膨大时出蛰,发生高峰期在7～8月份。

(三)防治措施

1. 果树休眠期防治　结合果园各项农事操作,消灭越冬红蜘蛛。如结合刮病,刮除老翘皮下的越冬雌性成螨;挖除距树干33厘米以内的表土,消灭土中越冬成螨,或用新土埋压树干周围地下的红蜘蛛,防止其出土上树,清扫果园等。

2. 花前、花后防治　对山楂叶螨在花序分离期至初花期(花前)、落花后7～10天,是药剂防治的两个关键时期。花前喷药应力求细致周到,必要时花后再补喷1次。在山楂叶螨发生为主的果园,可喷布0.5波美度(花前)和0.3波美度(花后)石硫合剂各1～2次。

3. 生长期防治 6月下旬至7月份，甚至到8月份，是红蜘蛛类发生最多的时期，稍不注意即可造成猖獗危害。因此，在红蜘蛛大发生前，应尽力压低害螨密度。另外，在山楂红蜘蛛产冬卵前，也是药剂防治的关键时期。在这两个时期可选用下列药剂：0.02～0.08 波美度石硫合剂，对山楂红蜘蛛活动螨防治效果良好，基本可以达到药到螨死。但石硫合剂无杀卵作用，因此在卵和静止期螨数量较大时，应与杀卵剂混合使用，或在第一次喷布6～7天后，再喷1次，方能获得良好效果。在7～8月份喷布低浓度石硫合剂3～4天后，即可喷布波尔多液，而在喷布波尔多液6～8天后，才可喷石硫合剂。

四、桃蛀螟

桃蛀螟在我国各地均有分布，在长江以南危害桃果特别严重，是一种食性很杂的害虫。除危害扁桃外，还危害桃、李、杏、苹果、梨以及高粱等作物。

(一)识别与诊断

成虫体长12毫米，黄色至橙黄色，体、翅表面具许多黑斑点似豹纹。卵椭圆形，长0.6毫米，宽0.4毫米，表面粗糙布细微圆点，初乳白色渐变成橘黄色、红褐色。幼虫体长22毫米左右，体色多变，有淡褐、浅灰、浅灰蓝、暗红等色，腹面多为淡绿色。蛹长13毫米，初淡黄绿色后变成褐色。茧长椭圆形，灰白色。

桃蛀螟以幼虫蛀食扁桃果呈坑洼或孔洞，常出现流胶，并在蛀孔外堆有大量虫粪，被蛀果常变色或果肉充满虫粪不可食用。果实易腐烂、脱落。

(二)发生规律

以老熟幼虫于粗皮缝中、玉米、向日葵等残株内结茧越冬。北方1年发生2～3代，4月下旬至5月份化蛹。5月下旬至6月上旬、7月下旬至8月上中旬分别为一、二代幼虫危害盛期。世代重叠严重。成虫昼伏夜出，对黑光灯和糖醋液趋性较强。多于枝叶茂密处的果上或果实紧靠处产卵，初孵幼虫先于果梗、果蒂基部吐丝蛀食，脱皮后从果梗基部蛀入果心，食害嫩仁、果肉，被害果内外排积粪便，有丝连接。被害果常腐烂、早落。有转果习性，老熟后于果内、果间等处结茧化蛹。

(三)防治措施

1. 人工防治　刮除老翘皮，消灭越冬幼虫。越冬幼虫化蛹前处理向日葵、玉米等寄主植物的残体。生长季及时摘除虫果、清理落果，集中消灭其中的幼虫和蛹。在幼虫越冬前树干束草诱集越冬幼虫。成虫产卵前进行果实套袋。

2. 物理防治　可利用黑光灯和糖醋液诱杀成虫。

3. 药剂防治　在卵盛期至孵化初期喷药，药剂有50%辛硫磷乳油1 000倍液，或20%氰戊菊酯乳油2 500～3 000倍液，或2.5%溴氰菊酯乳油3 000～4 000倍液等。

五、蚜　虫

蚜虫俗名腻虫、蜜虫等。各地均有发生，危害极广。扁桃树上常见的有桃蚜、桃粉蚜和桃瘤蚜。

(一)识别与诊断

1. 有翅胎生雌蚜　桃蚜头胸部暗黄色至黑色，腹部黄绿色，额瘤显著，腹部中央有黑斑，腹管长。粉蚜头胸部暗黄色，额瘤不显著，腹部有白粉。瘤蚜体淡黄褐色，额瘤显著，腹管上有覆瓦状纹。

2. 无翅胎生雌蚜　桃蚜黄绿色或赤褐色，腹管较长。粉蚜绿色，尾片长而大。体表覆白粉。瘤蚜淡黄褐色，腹管短小，有瓦片状纹，额瘤明显。

3. 卵　椭圆形，长约0.6毫米，初黄绿色后变成黑色。

蚜虫以成虫、若虫群集在叶片背面和嫩梢上吸取汁液，叶片向背面横卷或不规则卷缩，影响新梢生长，重者叶片变成黄红色脱落。

(二)发生规律

1年发生20～30代，以卵在扁桃树的腋芽、芽鳞缝、小枝杈及其皱皮等处越冬。扁桃芽萌动至开花期越冬卵孵化，若虫开始危害扁桃芽，到4月下旬末新梢抽生1～3厘米，气温升高，蚜虫迅速发展，5月下旬至6月上旬发展到最高峰，之后有翅蚜大量出现，6月中旬以后，有翅蚜迁飞到夏季寄主上危害，10月中旬又产生有翅蚜，迁回扁桃树，交尾后产卵越冬。

(三)防治方法

1. 药剂防治 蚜虫萌动前喷洒5%柴油乳剂200倍液，杀灭越冬卵。扁桃树开花前，即越冬卵孵化，若蚜虫集中在新叶上危害时，喷洒10%吡虫啉可湿性粉剂3 000～4 000倍液，或20%氰戊菊酯乳剂3 000倍液，或2.5%溴氰菊酯乳剂3 000倍液。从扁桃树落花后至初夏和秋季蚜虫迁飞回扁桃树时，可以用上述药剂交替使用进行防治。秋季迁飞时用塑料黄板涂黏胶诱集。

2. 利用天敌 瓢虫、食蚜蝇、草蛉、寄生蜂等天敌，对蚜虫发生有很强的抑制作用。因此，要保护天敌，尽量少喷广谱性农药。

第十章　扁桃的采收、贮藏与加工

当扁桃果实成熟时，果实被振荡摇晃而掉落在地面，然后在地面上晒干，之后被集中到一起，直接运输到脱壳处进行去皮脱壳，或将其熏蒸消毒、贮藏，然后再去皮脱壳。

采收成本占扁桃生产总成本的25%，因此生产者应做好采收准备工作，确保采收过程顺利有效，并生产出高质量的扁桃仁，以及减少树体损伤，从而实现扁桃园的丰产、稳产、优质和高效。

第一节　适时采收

一、采收前的准备

扁桃幼树定植第五年就可以开始商业采收。采收前的准备工作包括树体修剪、采收前果园灌水、地面清洁、机械维修以及挑选合格的采收器操作员。

(一)树体修剪

树体从定植开始就要进行合理的整形修剪，以免进入结果期后，因采收机器的操作而造成树体伤害和生产损失。

幼树定植后，为适合机械采收就要进行合理的定干(在75～100厘米处定干)。同时，随着树体的生长尽量使主干保持竖直状态。这两项技术将为振荡采收器的夹握装置提供必要的操作空间。扁桃树进入盛果期后，在采收前应清除树冠内膛位置低的枝条和萌蘖，使树体光滑，以便机械操作时能看清主干、主枝，并利于机械臂夹子固定树干，避免撕裂树皮、擦伤树干。

(二)采收前果园灌水

采收时间确定后，就要确定采收前灌水的时间。一般采收前最后1次灌水和采收之间约有2周的时间间隔。如果灌水间隔短，树皮含水量高，机械臂振动时夹子容易损伤树皮。而当土壤水分大量消耗时，树皮因紧绷而不易在振荡采收器固定的地方受损。

(三)地面清洁

在采收前应清除地面障碍物和残屑，以便于机器在果园内的顺利操作。

(四)机械维修和采收器操作员的挑选

采收前要做好机械检查和维修工作，使之处于可使用状态。振荡器采收操作员应富有经验，精通机器性能，要有责任心、有爱心，要关心树体的健康生长，一个熟练的操作员每分钟可收获2～3棵树。

另外，还要考虑到晒场晾晒果仁的物品以及炕房，采收期如遇阴雨天，需要用炕房把果仁炕干，防止果仁发霉变质，减少不必要的损失。

二、适时采收

采收期随不同品种、不同地区和不同气候条件而异。一般早熟品种7月下旬至8月上旬成熟，晚熟品种8月下旬至9月上中旬成熟。较为准确的判断标准是以果实发育的时间为准：早熟品种110天、中熟品种125天、晚熟品种140天。同一品种在干旱地区成熟较早，在湿润地区成熟则较晚。

扁桃生长的位置不同，果实成熟期也不一致，一般采摘扁桃果时应先采山坡、后采山顶，先采阳坡、后采阴坡，先采背风坡、后采迎风坡，做到熟一片采一片，不熟不采。成熟不一致的，要分批采收，要严格按品种分别采收、分别加工。

扁桃果实从形态上分为种壳(内果皮)和外皮(外、中果皮)。当扁桃成熟时,会出现明显的标志,即外、中果皮变黄并沿缝合线部分开裂或全部开裂,开裂后逐渐干缩,从而很容易与内果皮分开,使果核外露。树冠外围的果实首先裂开,然后向树冠内膛继续开裂。因此,树冠内膛果实开始开裂时,就可以进行采收了。采收一定要及时,如提前10天采收,种仁的重量可减少20%,出油率也相对降低,而且采收时果实不易脱落,伤枝严重。采收过晚,易遭受鸟类危害,特别一些纸壳品种因鸟害损失很大。由于正值空气干燥,其果肉外核和核仁均易缩,容易自动脱落造成果肉腐烂,侵蚀果仁使其变质。

干旱、果实养分缺乏或水分亏缺,以及人为加快果实成熟等,通常会产生大量果肉与核难分离的果实。当发生某种果实害虫时,往往需要及时采收或提早采收,以避免或减轻害虫危害。因此,适时采收是获得丰产、丰收,保证果仁质量的重要环节。

一般将扁桃果实成熟过程分为8个阶段,其形态和生理生化变化如表10-1所示。

表10-1　扁桃果实成熟各阶段形态和生理生化变化

(Warren C Micke,1996)

成熟阶段	外皮开裂情况	隔离层形成情况	果实失水情况	核重变化	
				鲜重	干重
1	无	无	无	无	增加
2	缝合线开始分离,但无明显分裂	—	无	无	增加
3	开裂宽度达5毫米	分离正在形成	无	无	增加

续表 10-1

成熟阶段	外皮开裂情况	隔离层形成情况	果实失水情况	核重变化	
				鲜 重	干 重
4	开裂长度达果实长度的 2/3	分离正在形成	无	无	无
5	开裂长度达果实长度的 2/3 或更长	分离正在形成	无	无	无
6	完全开裂	几乎分离，有少量纤维相连	达 1/3 干重	含水量下降	无
7	完全开裂	几乎分离，有少量纤维相连	达 1/3～2/3 干重	含水量下降	无
8	完全开裂	纤维变干	达 2/3 或更高干重	含水量更低	无

三、采收方法

扁桃采收分为机械采收和人工采收。采收时，先在树下铺上塑料布或帆布，用人力或机械轻击树枝或主干，使果实掉落，然后集中晾晒。目前，我国多采用人工采收，美国、西班牙和意大利等扁桃生产国已实现机械化采收，可以提高采收效率，节省劳动力，降低成本。随着我国扁桃产业的发展，机械采收必将成为发展趋势。

（一）人工采收

人工采收要根据所在地地形和树冠大小来定如何采摘。平地和小树冠可以人工采摘，使用手提篮、竹筐、背篓等工具，摘满后集中于运输车上，运至晾晒场进行晾晒。

坡地或大树冠，人工采摘不宜时，采用人工打落的方法。人工打落果实有 2 种方法：一种是棒击法，即用木棒或长竹竿，轻击结果枝，切不可乱打，以免损伤枝条，影响翌年产量。树冠较大时，可以爬到树上或站在梯子上，用较短的棒击打。另一种是锤击法，用一个锤形物打击大枝，使果实振动落下。锤子最好用橡胶皮包裹，免得损伤树皮。

为减少塑料布或帆布磨损，加快采收速度，可将人工收集改良成使用采收车载塑料布或帆布来收集。采收车可自由移动，车上有固定的长箱，收集布的一端固定于车厢的一侧，要移动时将布从另一端折叠于车厢上，随车移动。使用时，先将车停放于适当位置，拉开布，铺在树冠下，果实落在布上，然后将布的另一端拉向车厢，果实即可滑落至车厢内，车厢装满后运至室内去皮。

(二)机械采收

国外特别是美国扁桃的采收，大多机械化。机械采收就是用机械将树桩或树干夹住自动晃动树体，将果实晃落到地面后收集。整个作业系统是由果实振荡器、果实捡拾机（堆积机）和运输传送设备组成。

1. 果实振荡器 果实振荡器有主干振荡器和主枝振荡器。

（1）**主干振荡器** 主干振荡器是采收扁桃最常用的机器。在多数情况下，这种振荡器的前部紧紧抓住树干，在几秒钟内猛烈晃动。如果树很大，操作者要换用主枝摇晃。

（2）**主枝振荡器** 当树直径很大，或脚台架太靠近地面而不能抓住树干时，采用主枝振荡器。用这种振荡器采收比主干振荡器采收速度慢，并且容易造成树皮损伤。

2. 果实捡拾机 可分为推动式装置和拖拉机式装置。机械清扫机从树体周围吹动果实，将其堆成狭长的行；果实捡拾机把堆成行的果实从扁桃园地面转移到车厢里，然后运送到去皮或贮藏场所。

采收时要实现收获最大化、损失最小化以及减少产品质量降低,以便快捷、高效、经济地完成采收过程。第一步,振落果实,用机械臂抓紧树体主干或主枝,然后按一定的频率振动,果实就会掉落;第二步,用捡拾机收集振落到树下的果实,并运输至脱皮车间,用去皮机脱皮。如果果皮是湿的,去皮比较容易。如脱皮前果实已干燥,可给果实洒上少量水,使果皮潮湿,以免去皮时核壳破裂。

第二节 采后处理

一、预先清理

为了便于脱壳,并提高果实间的空气流动,果实中的病虫果、腐烂果和叶片、树枝、石头、土块等杂物要预先清理出来。

二、干 燥

扁桃果实从树上摘下来以后,要进行自然晾晒或机械烘干。常规采收的果实只需在地面晾晒 4～7 天,若采收时遇雨季或湿度较大的地区,则需采用空气干燥机进行烘干。干燥机可以让含高湿气的果实很快从地里转移,减少霉菌发生和昆虫、鸟兽破坏。同时,可以延长每日采收时间,露水浸湿的果实仍可加工,干燥机可以让脱壳器最大功率地运转。

三、脱皮和晒核

仁、肉兼用品种和利用果肉的品种,在扁桃果采收后要人工细心捏取果核,以保持果肉质量。一般扁桃经过晾晒后,用木棒敲打、去皮机脱皮或乙烯浸泡等方法,使果肉与果核分开,然后经过簸扬或人工捡核的方法取出果核。

脱皮后的果核含有大量水分,应摊放在阳光充足的地方进行晾晒或人工烘干。在晾晒期间要不断翻动，5～6 天即可完全干透，摇动时果仁发出响声，即可收存起来。装袋放在干燥、冷凉、通风的室内，为以后的破壳取仁做好准备。如果扁桃核未晒干，内部的果仁便会发生霉坏或浸油等变质现象。带核晾晒比直接晒果仁好，这样既可使桃仁水分蒸发，又可保证果仁质量。因此，晾晒扁桃果核是提高果仁质量的关键。

四、破核和选仁

破核的方法有手工破核和机器压核 2 种。

(一)手工破核

用左手拇指和食指捏住扁桃核两肚。用小锤从核棱砸开。破核时注意不要用力过猛，以防将仁砸碎。这种方法出仁率高，但效率低，每个工每天能破 25 千克左右。也可用绳套法或挖穴法，即用绳索圈成茶杯口大小的绳套，放在平稳的木墩或石板上，将一把果核放入绳套中，用硬木或平底石头砸击，果核受震即碎。或在砖上、平整的石头上挖若干个小穴。穴深约半个果核，将一把果核放入小穴内，用硬木板砸击，果核受震即碎。

(二)机器破核

压核机形似压面机，有手摇和动力带动 2 种，每天可压核 500～1 750 千克。压核前应先将果仁过筛分成大、中、小三等，压核时通过调整两个压辊间的距离，分别按大、中、小三等挤压。

破核后仁和皮混在一起，可用风车或簸箕先扇去一部分核皮，然后挑选。也可用滑板选仁法，即用一木板斜放在席子上(斜度为 35°)，将混合的仁和皮顺木板溜下，并不断左右移摆，由于仁滑皮糙，果仁先滑下滚入席中，大部分核会留在簸箕或滑板上，然后稍经挑选仁皮即可分开。选仁时，要将损伤粒(半粒、虫蛀粒、伤疤粒、破碎粒、不熟粒、霉坏粒、出油粒)、未破开的小果核及杂质等分别存放，不能混入好果仁内。

五、分　级

(一)质量标准

1. 外观　高质量的扁桃商品,壳上要求干净无污点,无病虫危害的痕迹,果仁无皱皮、无异色。剔除有缺陷的果实,如双仁果的扭曲仁、裂口仁和含有树胶的果仁。

2. 质地　高质量果仁的质地要求是既香脆又耐嚼。影响质地的因素是果仁的均匀度和干燥度。果仁的含水量在4%以下,果仁硬且易碎。

3. 果实风味　可口的扁桃仁,要有甜和油的特性,无异味和油臭味,有使人愉快的香味,果仁烘烤后变得更香。营养成分含量丰富。无污染,无黄曲霉菌和其他微生物寄生。

(二)等级标准

扁桃果实的分级主要以扁桃仁的大小、仁的完整情况、仁的饱满程度、滑坡率等进行分级,如表10-2所示。

表10-2　扁桃规格等级表

规　格	每千克粒数(个)≤		果仁比(%)≥	
	厚壳扁桃	薄壳扁桃	厚壳扁桃	薄壳扁桃
一级品	大290 中545 小890	大325 中450 小740	大30 中38 小45	大42 中67 小57
二级品	大385 中715 小995	大295 中570 小945	大29 中39 小45	大45 中69 小57
三级品	大380 中810 小1010	大475 中700 小1015	大28 中40 小45	大46 中73 小59

第三节　贮　藏

采摘后的扁桃果仍是鲜活商品。即它在采收后的商品处理、运输和贮藏过程中,仍进行着各种生理活动。但和其他果品相比,扁桃种仁的生理代谢变化和成分变化相对比较稳定,因此扁桃比其他果品有相对更长的贮藏期。扁桃如果不立即出售或加工,就必须为其提供一个适宜的贮藏条件,以保证果仁的质量和新鲜度。

目前生产上贮藏的方法较多,大体分为2类:一类是利用和调节自然温度进行贮藏,贮藏方法和构造比较简单,成本低,贮藏效果一般。另一类是利用机械制冷法控制在低温条件下进行贮藏,尽管成本较高,但贮藏效果较好。这里重点介绍一下气调贮藏的方法。

一、气调贮藏

气调贮藏即调节气体成分贮藏,是在适宜的低温条件下,适当提高贮藏环境中的二氧化碳浓度和适当降低氧气浓度,可以显著抑制水果的呼吸作用和微生物的活动,延长水果成熟、衰老过程,从而延长水果的贮藏期。气调贮藏是在冷藏的基础上进一步提高贮藏效果的措施,包含冷藏和气调的双重作用,是当前国际上水果贮藏保鲜广为应用的现代化方法。长期贮藏的扁桃坚果最好采用气调贮藏。

(一)气调贮藏方法

气调贮藏按封闭设备可分为简易气调贮藏和气调冷藏库等2种主要方法。气调库建筑和设备复杂,成本高,而简易气调(塑料薄膜密封气调)可放置在机械冷藏库、通风贮藏库、土窑洞等贮运场所,使用方便,成本低,还可在包装、运输中应用,从而应用广泛。

1. 简易气调贮藏

(1)塑料薄膜小包装贮藏　塑料薄膜袋密封贮藏,是采用塑料薄膜作封闭材料,将扁桃仁装入袋内,经预冷后扎紧袋口,进行贮藏。利用果实自身呼吸作用及薄膜的透气性,包装内能够建立低氧气、高二氧化碳环境。另外,薄膜包装内可以使用简单的乙烯吸收剂,及时除去果实产生的乙烯,延长贮藏保鲜期。

(2)气调大帐贮藏　用塑料薄膜制成大帐密闭贮藏产品,创造气调环境的贮藏方法。在贮藏室或普通冷库内,首先将帐底平铺于地面上,其上放枕木,在帐底四边向里20～30厘米的地面上,挖深、宽各为10厘米左右的小沟,然后在帐底上将果箱(筐)堆码成长方体果垛。果箱(筐)之间要留有通气孔隙,还可散放消石灰,吸收二氧化碳。果垛码好后,即将大帐扣在果垛上,再把大帐四壁的下边与帐底的四边分别紧紧卷在一起(卷20～30厘米),用土埋入小沟内,然后在其上覆土,覆土时要压紧、压实,以防漏气(图10-1)。大帐便成为一个密闭的贮藏场所,然后根据贮藏水果的需要调节帐内气体成分。由于果实的呼吸作用,帐内二氧化碳浓度会不断升高,应定期用专门仪器进行气体检测,以便及时调整气体成分的配比。气调大帐贮藏具有调气速度快,管理灵活,便于出库等优点。

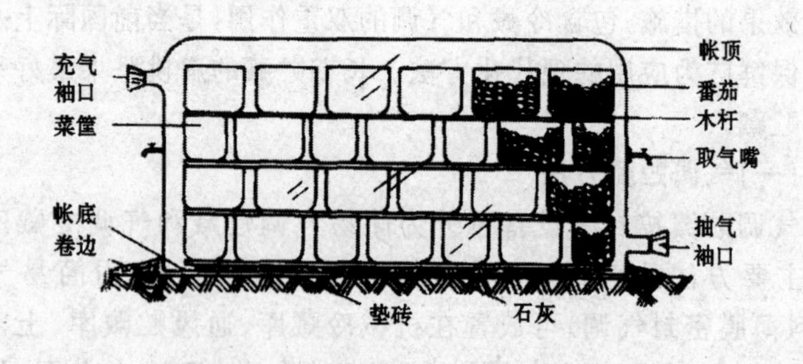

图10-1　塑料大帐贮藏番茄示意图

(3)硅窗薄膜袋(帐)气调贮藏　硅窗薄膜袋(帐)气调贮藏是将扁桃仁贮藏在镶有硅橡胶窗的聚乙烯(PE)或聚氯乙烯(PVC)薄膜袋(帐)内的一种简易气调贮藏(图 10-2)。

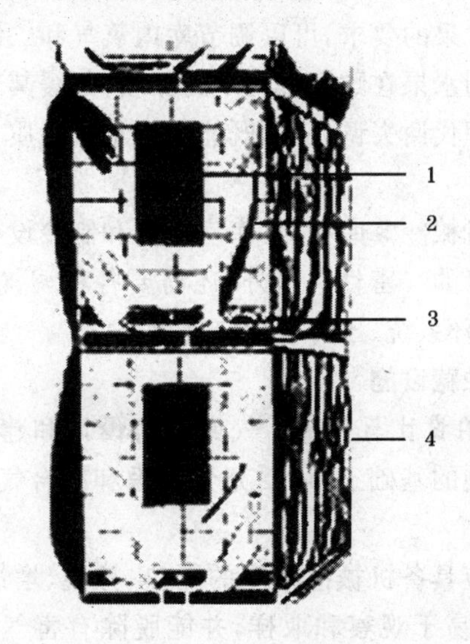

图 10-2　堆在库内的硅窗薄膜封闭集装袋

1. 硅窗　2. 装箱产品　3. 内、外垫板　4. 封闭薄膜

硅胶薄膜的透气性比一般塑料薄膜大 100～400 倍,而且对二氧化碳和氧气的透气比为 6∶1。利用硅胶膜特有的透气性能,使薄膜封闭袋(帐)内高分压二氧化碳通过硅胶向外渗透,外部的氧气向内渗透,从而起到自动调节气体的作用,创造有利的贮藏条件。

硅胶窗的面积决定于贮藏水果的种类、成熟度、贮藏数量和贮藏温度、要求的气体组成等多种因素。通常在 80 厘米×100 厘米袋子上黏合 10 厘米×10 厘米的硅胶膜,每袋装果 8 千克。

2. 气调冷藏库

气调库是在机械冷藏库的基础上发展起来的永久性气调贮藏设施，除具备冷库的各项功能外，还具备调节库内气体成分的功能。依据贮藏水果的要求，可以调节库内氧气和二氧化碳的分压，最大限度地抑制水果在贮藏过程中的呼吸，延缓其衰老。同时，又不产生各种生理代谢失调，从而既能保持水果品质，又能延长其保鲜期。

气调库与机械冷藏库相比，库房结构和制冷设备基本相同，但要求库体有更高的气密性。另外，还需要各种调气设备及湿度调节系统、气体循环系统、压力平衡装置等。

(二)气调贮藏设施

1. 气调库的设计与建造 气调库房设计和建造在遵循机械冷藏库建造原则的基础上，还要充分考虑和结合气调贮藏自身的特点和需要。

气调库除应具备机械冷藏库的隔热、控温、增湿性能外，还应保证气密性好，易于观察和取样，并能脱除有害气体和自动控制等。不同果蔬气调贮藏需求的温度和气体成分不同，为满足一座气调库中贮藏产品多样化的要求，整座气调库通常是分割成若干个可以单独调节管理的贮藏室。但从管理效果来看，单间库容不宜过小，如库容过小，为保证其气密性投资更大。气调库内单个贮藏间的容量一般在100～500吨。在生产辅助用房上，气调库还要具有气体贮藏间、气体调节和分配机房。

气密性能是气调贮藏的首要条件，关键是设置气密层。气密材料选用要保证材质均匀一致，具有良好的气体阻绝性能；机械强度和韧性大；性质稳定、耐腐蚀、无异味、无污染；可连续施工，能把气密层制成一个整体，易于查找漏点和修补；黏接性好，能与库体黏为一体。

气调库房设计和建造时，还必须设置观察窗和取样孔。观察窗可设置在气调门上，取样孔则多设置于侧墙的适当位置。观察窗和取样孔的设置增大了气密性要求的难度。

气调贮藏在调整库内气体成分及库内有温度变化时，库内、外会产生压力差，从而破坏库体结构。为保障气调库的安全运行，保持库内压力的相对平稳，库房设计和建造时必须设置压力平衡装置。通常用于气调库的压力平衡装置有膨胀袋和水封装置。膨胀袋是一具有伸缩功能的塑料贮气袋，当库内压力波动较小时（<98帕），通过气囊的膨胀或收缩进行调节，使库内压力不致出现太大的变化。水封装置为一盛水的容器（图 10-3），当库内、外压力差较大时（>98 帕），水封即可自动鼓泡泄气（内泄或外泄）。

图 10-3 水封装置及工作原理示意图

A. 原理 B. 水封装置

2. 气体调节系统 气调贮藏具有专门的气体调节系统，以完成气体成分的贮存、混合、分配、测试和调整等功能。气体调节系统主要包括三大类设备。

（1）*贮配气设备* 贮配气设备主要包括贮气罐、瓶、减压阀、流量计、调节控制阀、仪表和管道等。通过这些设备的合理连接，保证气调贮藏期间所需各种气体的供给，并以符合果蔬贮藏所需的速度和比例输送至气调库内。

（2）*调气设备* 调气设备主要包括真空泵、制氮机、降氧机、富氮脱氧机（烃类化合物燃烧系统、分子筛气调机、氨裂解系统、膜分离系统)、二氧化碳洗涤机、乙烯脱除装置等。调气设备主要功能是降低氧气浓度、升高二氧化碳浓度、脱除乙烯、并维持果蔬贮藏所需的各气体组分相对稳定。

(3)分析监测仪器设备　包括采样泵、安全阀、控制阀、流量计、奥氏气体分析仪、温湿度记录仪、测氧仪、测二氧化碳仪、气相色谱仪、计算机等分析监测仪器设备,主要是对气调贮藏过程中相关贮藏条件进行检测,为调配气提供依据。

此外,湿度调节系统也是气调贮藏库的常规设施。

(三)气调贮藏管理

1. 入库　库房首先要进行气密性检查,发现问题应及时解决。同时,库房及所使用的工具要进行消毒。水果入库时要尽可能做到按种类、品种、成熟度、贮藏时间要求等分库贮藏,以避免相互间的影响和确保提供最适宜的气调贮藏条件。

2. 库房管理　主要有温度、湿度的管理及气体成分的调节,按不同水果的生物特性要求调节合适的温湿度和气体组分。气调贮藏的气体成分从刚封闭时的正常空气成分转变到所规定的气体指标之间有一个过渡期,可称为降氧期。降氧期的长短关系到水果的贮藏效果,也涉及所需的设备器材。降氧主要有以下几种方式。

(1)自然降氧法　封闭后依靠产品自身的呼吸作用使氧气逐渐下降并积累二氧化碳。

①放风法:每隔一定时间,当氧气降至规定的低限或二氧化碳升至规定的高限时,启开封闭容器,部分或全部换入新鲜空气,再重新封闭。

②调气法:在降氧期用吸收剂吸除超过指标的二氧化碳,待氧气降至规定指标后,定期或连续输入适量的新鲜空气,同时继续使用二氧化碳吸收剂,使两种气体稳定在规定的指标范围内。

③充二氧化碳法:封闭后立即人工充入适量二氧化碳(10%～

20%)，而仍使氧气自然下降。在降氧气期不断用吸收剂吸除部分二氧化碳，使其含量大致与氧气相接近，使氧气和二氧化碳同时平行下降，直到两者都达到规定的指标。

(2)人工降氧法 人为地使密闭容器内的氧气浓度迅速降低、二氧化碳浓度升高，实际上免除了降氧期，封闭后立即就进入稳定期。

①充氮气法：封闭后抽出容器内的大部分空气，充入氮气，由氮气稀释剩余空气中的氧气，使其浓度达到所规定的标准。有时也充入适量二氧化碳，使之也立即达到要求的浓度。以后的管理同上述的调气法。

②气流法：把预先按要求指标配制好的气体输入密闭容器，以替代其中的全部空气。在以后的整个贮藏期间，始终连续不断地排出内部气体和充入人工配制的气体，控制气流速度使内部气体组成稳定在要求的指标。

在气调库贮藏期间，要经常进行气样分析，每周进行1次。一般库房封闭后，工作人员不能进入库内，必要时必须配带防护装置及步话机入库，以便及时联系，防止人身危险。

3. 出库 气调库贮藏结束后，要及时出库，出库前要进行升温和通风。升温方法同冷藏。通风时应打开排风和鼓风设施，使库内通入新鲜空气，排除低氧、高二氧化碳、高氮气体，然后工作人员才能入库操作。出库后库房要及时清扫、消毒，以备下次使用。

二、低温贮藏

将扁桃坚果装入纸箱或麻袋内，入冷库码垛冷藏。控制适宜的温湿度即可长期贮藏。如果少量贮藏，在0℃～5℃的冰箱中贮藏，可保存2年以上；大量贮藏，可贮藏在0℃～1℃的低温冷库中，效果更好。无冷库的地方，也可用塑料薄膜密封贮藏。

三、普通室内贮藏

将晾干的扁桃坚果，装入布袋或麻袋中，置于通风干燥的室内贮藏，或装入筐、篓堆放在阴凉、干燥、通风、无鼠害、无虫害的地方，经常上下翻动检查，发现发霉变质等问题及时处理。

第四节　加工利用

扁桃是一种经济价值很高的油料干果。扁桃仁油香甜脆、营养丰富，既可直接食用，又可加工成风味炒货、巧克力糖、糕点、饮料、罐头、高档油和酒等。扁桃仁还具有多种药用成分，是传统的中药材，具有明显的医疗保健功能。

近年来，随着我国扁桃生产的不断扩大、国外新品种的引进、开发利用研究的深入进行以及消费者消费习惯的改变，扁桃的加工出现了从直接食用的单一形式向着多品种、多层次发展的趋势。目前，扁桃的利用方式主要有直接食用、整仁加工、切碎和粉制、扁桃罐头、扁桃仁糖果、扁桃乳饮料、扁桃油等，其副产品常作为化妆品及动物饲料添加剂，果壳可用来生产糠醛、活性炭等产品。

一、扁桃仁加工

(一)风味扁桃仁

1. 工艺流程　原料→除杂筛选→脱色→漂洗→浸香→干燥→烘烤→冷却→挑选→包装。

2. 操作要点

(1)除杂筛选　除掉去壳过程中残留的杂物，选种皮淡黄色、种仁白色、外形饱满、大小均匀、质地致密的扁桃仁加工。

(2)脱色　将核仁浸入4%柠檬酸脱色液中浸泡4～5分钟，

或 0.5%～1%亚硫酸氢钠脱色液中浸泡 25～30 分钟。脱色液用量为原料重量的 2 倍。

(3)漂洗　脱色后立即用清水冲洗 2～3 遍，清水浸泡 5～10 分钟。直至原料表面 pH 试纸测试呈中性。

(4)香味液浸香　按水重量的百分比，称取下列配方中的各种香料，投入水中煮 1 小时。过滤制成香味液，再将等量的原料投入香味液中浸泡 30 分钟，捞出沥干。

①香味液配方 1：大茴香 0.2%，甘草 0.8%，花椒 0.1%，丁香 0.05%，桂皮 0.1%，小茴香 0.1%，砂仁 0.01%，盐 5%，味精 0.05%。

②香味液配方 2：大茴香 0.2%，小茴香 0.3%，桂皮 0.2%，姜 0.01%，陈皮 1%，高良姜 0.01%，盐 5%，味精 0.05%。

③香味液配方 3：甘草 0.6%，肉蔻 0.1%，砂仁 0.05%，荜拔 0.1%，肉桂 0.1%，白藏 0.1%，盐 5%，味精 0.05%。

(5)干燥　在 60℃～70℃下干燥至含水量为 7%左右。

(6)烘烤　采用阶段升温方法，即分别用 100℃和 120℃升温 18 分钟左右，最终将温度控制在 130℃～140℃条件下烘烤 10～15 分钟，然后迅速冷却。

(7)包装　采用真空包装。

(二)椒盐扁桃仁

1. 工艺流程　原料→精选→水煮→拌盐→炒干→贮藏。

2. 操作要点

(1)水煮拌盐　将水烧沸，把洗净的 100 千克扁桃仁倒入煮 4～5 分钟，然后捞到筐中，控去水分，加入精盐拌匀，经过 1 小时，再下锅炒。

(2)炒干　另一锅内放入 20 千克的净沙，加热炒烫以后，再放入加工过的扁桃仁同炒。火候用门内火(即火近炉门处)，一直炒到果仁肉发黄时起锅，筛去沙子，晾凉即成。

(3)贮藏　贮藏时，可在容器底放一层生石灰，上铺厚纸，将炒好的扁桃仁放入，封口。

(三)琥珀扁桃仁

1. 工艺流程　原料→精选→浸泡→糖煮→冷却沥干→油炸→甩油→包装。

2. 操作要点

(1)精选　用振动筛选择大小一致的扁桃仁，除掉虫蛀、霉烂的果仁及杂质。

(2)浸泡　将扁桃仁置于60℃的温水中浸泡5天，每天换水，浸泡中谨防种皮脱落，完成后捞出沥干。

(3)糖煮　将扁桃仁放入浓度为75%的糖液中煮15～20分钟，捞出沥干，并摊开冷却至室温进行油炸。

(4)油炸　将扁桃仁放入温度为150℃～160℃的油锅中，炸至均匀而不焦煳，呈瑰油色时捞出，迅速冷却至60℃，并翻动几下，防止粘连，待温度降至50℃以下时，甩油。

(5)甩油　将油炸好的扁桃仁，在离心机中甩油2～3分钟，甩去表面上带的油。

(6)包装　采用抽真空包装(瓶装、罐装或袋装)。

(四)扁桃仁霜

1. 工艺流程　原料→浸泡→去皮→漂洗→护色→湿磨→沥干→湿淀粉→烘干→调味加香→成品。

2. 操作要点

(1)浸泡去皮　将选好的扁桃仁洗净，置于2倍的水中浸泡12小时(至皮软)。然后倒入3倍于扁桃仁的1%氢氧化钠沸水溶液中煮0.5～2分钟，迅速捞出，用自来水冲去残留碱液，去皮，冲洗干净。

(2)护色　为保持种仁的乳白色泽，将去皮洗净的种仁完全浸没于0.5%氯化钠和0.02%亚硫酸氢钠的混合液中4小时。

(3)湿磨 种仁经护色后，用水冲洗干净。加入 15 倍的水，用磨浆机磨成扁桃浆。

(4)沥干、掺淀粉 将扁桃浆采用过滤(挤压或离心)的方法除去多余水分。再按淀粉与扁桃浆为 2∶1 的比例加入淀粉，搅拌均匀。

(5)烘干 用干燥箱等干燥设备，在 70℃条件下干燥 20 分钟，至水分含量为 7%～9%。

(6)调味加香 干燥后的扁桃仁霜按重量的 14%加入蔗糖，为加强扁桃仁的香味，还可加入 0.14 毫克/千克扁桃仁香精，拌匀即成白色或乳白色、略带甜味和有浓郁扁桃仁香味的均匀粉末状扁桃仁霜产品。

(7)包装 按设计的规格进行包装。

(五)扁桃乳饮料

1. 工艺流程 选料→浸泡→去皮→护色→磨浆→过滤→调配→均质→脱气→装瓶封盖→杀菌→冷却→成品。

2. 操作要点

(1)选料 选择色泽新鲜、颗粒饱满、肉质乳白、干燥、无变质的扁桃仁。

(2)浸泡 将选好的扁桃仁用自来水冲洗干净，投入 2～3 倍的水中浸泡 12 小时，软化。

(3)脱皮 可采用人工(将充分浸泡的扁桃仁用手工将其种皮去掉)或脱皮剂(在可加热的容器中加水 100 升，氢氧化钠 0.5～1 千克，脱皮剂 0.1%～0.2%配成脱皮液，加热并保温不低于 90℃。将装有扁桃仁的竹筐浸没在脱皮液中 2～5 分钟，提出后立即用自来水冲洗，并晃动筐子，促进种皮脱落)、机械(扁桃去皮机是由直径 22 厘米、长 60 厘米的两个大木圆辊在齿轮的带动下以相反的方向、不同的速度转动。扁桃仁通过两辊的搓动，将皮脱掉)等方法脱皮。

(4)护色　将去皮的扁桃仁置于0.2%亚硫酸氢钠与0.3%柠檬酸组成的护色液浸泡15分钟，以达到护色、中和余碱的目的。

(5)磨浆　经护色的扁桃仁用自来水漂洗2～3次，再按扁桃仁重量加入15倍的水磨浆，磨浆机的筛孔直径约为0.8毫米。

(6)过滤　当扁桃仁浆的温度下降至40℃～50℃时，进行热过滤，先用120目的筛粗过滤，再用190目的筛过滤。

(7)调配　加入5%～10%的白砂糖、柠檬酸、稳定剂(配方为0.15%单甘油酯、0.25%海藻丙二醇酯、0.1%大豆磷脂)，以调整产品组成和状态。为了避免蛋白质溶解度降低，出现聚沉现象，扁桃仁的pH值应调整为6.8左右，并在加酸时快速搅拌，避免局部酸度过大而出现分层和沉淀。

(8)均质　用胶体磨在70℃～75℃、20～30兆帕压力下均质3次，目的是粉碎细化蛋白质粒子和脂肪球颗粒，适当增加乳液的黏度，以确保产品的稳定性。如果均质1次，均质压力要控制在38兆帕为宜。

(9)脱气　均质好的乳液在冷热缸中升温至90℃，以脱去乳液中的部分气体，并预防装罐前的污染。

(10)装罐封盖　将乳液温度控制在70℃左右，装入250毫升的玻璃瓶内，封盖。

(11)杀菌　采用常压杀菌(100℃用10～30分钟)，以保持产品重量和足够的保质期。据研究，杀菌温度应避免高于121℃，超过121℃会出现蛋白质变性。

(12)冷却　先用50℃～60℃温水冷却，后用20℃～30℃的自来水冷却至常温即成成品。

(六)扁桃仁酱

1. 工艺流程　原料→热烫去皮→漂洗→湿磨→配料→浓缩→装罐封压→杀菌→冷却→检验→成品。

2. 操作要点

(1)原料的前处理　同扁桃仁霜。

(2)配料　在夹层锅内,配料为扁桃仁浆30千克,70%浓糖液55升,琼脂250克(先用冷水浸泡2～3小时,再用90℃的热水溶解,保温在35℃以上备用),山梨酸钾120克。

(3)浓缩　在夹层锅中加入扁桃仁浆和浓糖液加热,并不断搅拌以防煳锅,至可溶性固形物达60%时,加入溶好的琼脂,继续搅拌、浓缩。当可溶性固形物达62%时,加入山梨酸钾,继续加热至可溶性固形物达65%以上时,酱体呈乳白色至乳黄色黏糊状,均匀一致、具有特有的香味时,即可出锅。

(4)装瓶、封盖、杀菌、冷却　装瓶前用60℃～70℃的热水烫洗玻璃瓶,装瓶时酱体温度不应低于85℃,装瓶后立即封盖。采用100℃处理10～20分钟杀菌,分阶段冷却至室温,拣出不合格产品。

二、扁桃油加工

扁桃油在医药、食品和化妆业具有广泛用途。由于它具有营养、消炎、止痛等作用,因而对痤疮、皮炎等皮肤病具有良好疗效,也可用来减轻耳痛和灼痣处理的疼痛。在化妆业中,扁桃油可用于制造保健美容霜、按摩油、洗发液和洗涤液等产品。

苦扁桃油为苦扁桃种子压榨后去除残渣,再经水蒸气蒸馏所得的挥发油,内含苯甲醛95%、氢氰酸2%～4%。其功效与苦扁桃仁相同,具有驱虫、杀菌作用。临床应用对蛔虫、钩虫及蛲虫均有疗效。其加工工序为:一是种仁脱壳,用脱壳机脱壳。二是种仁初次压榨,将种仁放在油机内压榨,可初次出油20%。三是种仁粉碎、蒸馏、二次压榨,将已出过油的压榨仁,放入粉碎机粉碎后进行蒸馏,碎仁蒸热时取出放入压榨机,第二次进行压榨可继续出油20%。四是除去油中的微量有毒氰化物,将压榨制出的油加温到沸点，炼 5～10 分钟，均可除去油中的挥发性氰氢化物。五是仁渣处理利用，野扁桃仁含有丰富的蛋白质，但仁中含苦杏仁苷，需加水先进行煮沸，而后经沉淀倒去乳状热水，加入冷水搅拌浸泡半小时，再倒去乳状水，经浸泡 2 次后的仁渣苦味清除，仁渣变为有香味的食物，可利用。

据扁桃榨油研究报道，100 千克果实出仁 16 千克，出油 6.4 千克，是种仁含油的 40%。据此可知，万亩（1 亩 $=667$ 米^2）扁桃林可产果 1740 吨，出仁 278.4 吨，出油 111.4 吨，其发展前景十分广阔。

参考文献

[1] 田建保．中国扁桃[M]．北京：中国农业出版社．2008.

[2] 冯义彬．扁桃高效栽培与加工利用[M]．北京：中国农业出版社，2004.

[3] 楚燕杰．扁桃优质丰产实用技术问答[M]．北京：金盾出版社，2007.

[4] 李国梁．扁桃无公害栽培技术[M]．兰州：甘肃科学技术出版社，2006.

[5] 吴国良．中国扁桃研究及高效栽培利用新技术[M]．北京：中国农业出版社，2008.

[6] 王森，谢碧霞，杜红岩，等．我国扁桃产业的发展趋势[J]．经济林研究，2006，24(3)：75-79.

[7] 郭春会，梅立新，张檀．美国扁桃栽培现状及发展特点[J]．西北林学院学报，2003，18(4)：67-69.

[8] 武彦霞，王占和，何勇，等．我国扁桃的生产现状及发展前景[J]．山西农业科学，2005，33(2)：20-22.

[9] 梅立新，郭春会，刘林强．我国扁桃生产现状与发展对策[J]．西北农林科技大学学报(自然科学版)，2003，31(4)：95-97.

[10] 王慧强，王建中，吴迪，等．世界扁桃贸易和消费现状[J]．经济林研究，2005，23(4)：95-98，117.

[11] 姬仲亮．长柄扁桃和蒙古扁桃在我国自然分布区的调查[J]．中国果树，1999(2)：38-39.

[12] 白林红，郭宗祥．扁桃栽培要点[J]．山东林业科技，

2001(4):57.

[13] 于继洲,高美英,秦国新,等.扁桃栽培现状及关键技术[J].山西果树,2002(11):21-22.

[14] 潘晓云,王根轩,曹孜义.扁桃在我国的适宜气候生态引种区研究[J].生态学报,2000,20(6):1069-1075.

[15] 顾斌,赵铁刚,史翠君,等.河北省引种扁桃的可行性及适宜区域[J].河北果树,2004(3):31.

[16] 成建红,侯平,李疆,等.巴旦杏的产业发展及其研究进展[J].干旱区研究,2000,17(1):32-38.

[17] 杨绍彬,刘福权,庞辉,等.巴旦杏苗木繁育技术研究[J].经济林研究,2000,18(3):41-42.

[18] 李国梁,康天兰,呼丽萍.15个美国扁桃品种引种试验[J].中国果树,2002(4):18-21.

[19] 兰彦平,吐拉克孜,郭文英,等.巴旦杏的研究现状及其开发前景[J].林业科学研究,2004,17(5):674-679.

[20] 周春娜,王进茂,谷丽芬,等.巴旦杏的组织培养[J].河北林果研究,2004,19(增刊):403-422.

[21] 高疆生,易晓华,陈毓荃,等.南疆巴旦杏与油料作物油脂及高级脂肪酸比较[J].西北农业学报,2001,10(2):36-38.

[22] 麦克尼尔斯.坚果栽培[M].宋金兆译.北京:中国林业出版社,1990.

[23] 李林光.美国扁桃主要栽培品种及砧木[J].落叶果树,2000(3):59-60.

[24] 邵则夏.美国的扁桃业[J].云南林业科技,1998(3):73-77.